高级光电子技术实验

Advanced Optoelectronic Experiments

陈徐宗　王青　齐向晖　王爱民　赖舜男　/ 编著

北京大学出版社
PEKING UNIVERSITY PRESS

图书在版编目(CIP)数据

高级光电子技术实验/陈徐宗，王青，齐向晖等编著. —北京：北京大学出版社，2018.9
ISBN 978-7-301-29865-7

Ⅰ.①高… Ⅱ.①陈… ②王… ③齐… Ⅲ.①光电子技术－实验－教材
Ⅳ.①TN2-33

中国版本图书馆 CIP 数据核字（2018）第 202681 号

书　　　　名	高级光电子技术实验
	GAOJI GUANGDIANZI JISHU SHIYAN
著作责任者	陈徐宗　王　青　齐向晖　王爱民　赖舜男　编著
责 任 编 辑	王　华
标 准 书 号	ISBN 978-7-301-29865-7
出 版 发 行	北京大学出版社
地　　　　址	北京市海淀区成府路 205 号　100871
网　　　　址	http://www.pup.cn　　新浪微博：@北京大学出版社
电 子 信 箱	zpup@pup.pku.edu.cn
电　　　　话	邮购部 010-62752015　发行部 010-62750672　编辑部 010-62765014
印 刷 者	天津中印联印务有限公司
经 销 者	新华书店
	730 毫米×980 毫米　16 开本　11.75 印张　230 千字
	2018 年 9 月第 1 版　2018 年 9 月第 1 次印刷
定　　　　价	30.00 元

内容提要

　　本书是根据北京大学信息科学技术学院新开设的"高级光电子技术实验"课程,所编写的配套教材。该课程围绕近几十年发展起来的一些量子技术,以相关诺贝尔奖的工作为蓝本,设计搭建了一系列学生实验平台,构成面向高年级本科生和低年级研究生的专业实验课,帮助他们进行专业方向选择和实验技能训练。全书分原理篇和实验篇两部分。原理篇详细介绍了半导体激光器、激光光谱及其稳频、激光冷却、飞秒光梳和精密测量等原理和技术。实验篇就是围绕这些技术设计了一系列相关实验,目前共有八个实验,分连续光和脉冲光两条线开展,具体来说:前五个实验是基于连续激光,第一个和第二个实验是进行外腔半导体激光器的组装与特性测量,第三个和第四个实验是搭建饱和吸收光谱然后进行激光稳频,第五个实验是磁光阱,属于连续光这条线的综合实验;后三个实验基于脉冲激光,第六个和第七个实验是搭建锁模激光器,然后进行放大、扩谱等,第八个实验是利用飞秒光梳进行铷原子跃迁谱线的绝对频率测量,属于连续光和脉冲光的大综合实验。当然,该课程开设时间尚短,实验内容还在不断扩充完备,后续会不断加入新的实验,比如量子纠缠、原子钟等。

　　本书内容丰富,紧跟时代潮流,包含激光、电路、机械、原子物理和量子力学等多学科的知识,通过各个实验,把这些知识有机整合在一起,原理介绍和实验设计深入浅出,内容设置注重理论与实践相结合,非常适合锻炼学生的实验动手能力和逻辑思维能力;同时,学生在重复当年的诺贝尔奖工作的过程中,能够切实感受到前辈先贤们那些精妙绝伦的技术创新,有助于提高他们的科研热情。

前　言

　　20 世纪初,科学家们对原子辐射分离光谱的研究,催生了量子力学;20 世纪中叶,激光的出现,使得科学家们对原子内态和外态的精密控制成为可能,同时也为光的频率精密控制奠定了基础。随着原子物理与量子物理基础研究的发展,催生了量子技术:原子的光抽运技术(1966 年诺贝尔物理学奖)是铷原子钟、原子磁场计等的基础;原子饱和吸收光谱技术(1986 年诺贝尔物理学奖)的发明推动了激光稳频技术的发展;基于激光稳频技术的激光冷却原子技术(1997 年诺贝尔物理学奖)又推动了原子喷泉钟、光钟(2012 年诺贝尔物理学奖)、原子干涉仪、原子陀螺、原子磁场计以及玻色-爱因斯坦凝聚(2001 年诺贝尔物理学奖)、量子模拟、量子计算等的发展。另外,脉冲激光技术的发展,使得科学家们对光学频率的测量与控制更为方便,基于飞秒激光锁模技术的光学梳状发生器(2005 年诺贝尔物理学奖),可以实现微波至光波的精密频率转换与控制,也可以对原子结构以及物理常数进行高度精密的测量。

　　以上技术的发展,形成了当代量子技术的基础,相关研究领域都是前沿热门课题,对社会发展产生了深远的影响。本教材设计了一系列实验,将上述诺贝尔奖的成果转换到实验课程之中,使得学生能够通过实验感受、理解与掌握量子技术的基本技巧,具体包括连续激光频率稳频技术、饱和吸收光谱技术、激光抽运技术、原子冷却技术、脉冲激光锁模技术、脉冲激光扩谱技术、光梳频率测量技术等;每个实验的设计都以相关诺贝尔奖的工作为蓝本,遵循高起点、低落点的原则,深入浅出,精心设计,保证学生通过一定的独立思考和小组讨论,就能完整地做出实验,从而直观感受先贤们的绝妙设计;实验课程的目标,旨在锻炼学生基本科研技能的同时,培养科研兴趣,激发科研热情。

　　同时,为了完备实验课程所涵盖的各类量子技术,新的实验也在不断设计补充之中,确保紧跟时代发展潮流。

　　北京大学信息科学技术学院新开设"高级光电子技术实验"课程,本书的内容选自该课程的基本内容,分为原理篇和实验篇两部分,可以为高级光电子技术实验或量子技术基础实验所用。

　　本教材由北京大学信息科学技术学院的老师们共同编写:第一章、实验一和实验二由齐向晖编写;第二章、第三章和实验四由陈徐宗编写;第四章、实验六和实验七由王爱民编写;第五章、实验五和实验八由王青编写,实验三和附录部分由赖舜男编写。本教材实验由陈徐宗负责总体设计与策划,由王青与赖舜男负责校对与修改。在编写过程中得到了北京大学王志军老师、李文新老师、张新祥老师等的热情帮助,在此表示诚挚的谢意。

由于水平有限与时间仓促,错误和不妥之处在所难免,恳请读者指出错误和提出意见,我们至为欢迎!

作者

2018 年 1 月

目　　录

原　理　篇

实　验　篇

原 理 篇

第一章　外腔半导体激光器技术

1.1　前言

　　激光技术是光电子学各相关方向的基础,自 1962 年第一支半导体激光器问世以来,半导体激光器有了很大的发展。20 世纪 70 年代末,随着半导体激光介质制作工艺的改进和完善,半导体激光器的性能得到了很大的提高,各种类型的新产品不断涌入市场。由于半导体激光器具有体积小、效率高、结构简单、价格便宜、便于调谐等优点,目前已被广泛运用于光纤通信、激光印刷、激光唱机、激光测距、激光医疗等方面。另外在激光光谱、原子分子物理、量子频标、原子核物理等基础研究领域,半导体激光器也越来越发挥其重要作用。

　　半导体激光稳频是半导体激光实现频率控制的一种重要技术。稳频激光不但可用于长度的精密测量,而且在激光通信、原子钟、纳米科技、三维精密控制、原子分子结构的精密测量和能态的标定以及物理基本常数的精密测量等方面有着广泛的应用,目前常用的稳频半导体激光有 532 nm、633 nm、780 nm、850 nm 和 1 500 nm 等几个波段,前四种主要应用于精密测量、原子钟、激光光谱等领域,后一种主要应用于光纤通信。半导体激光频率标准是稳频半导体激光中稳频精度最高的一种,它是将激光频率锁定于原子或分子的超精细能级间的稳定跃迁频率从而获得高精度的激光频率,并以此作为光频率的标准(简称光频标)。常用的光频标最好的不确定度为 10^{-13} 量级,对于 1km 的长度测量其误差仅为 0.1 nm。目前用于科研的最高精度的光频标的不确定度为 10^{-18} 量级,若用于计时,相当于 300 亿年误差不超过 1 s。

　　本章详细介绍半导体激光器产生激光的基本原理以及其基本特性,包括其频率调谐特性和功率输出特性,然后介绍应用最为广泛的外延腔半导体激光器,包括外延腔压窄激光线宽的基本原理和外延腔频率调谐的基本原理。

1.2 半导体激光器产生激光的基本原理

半导体激光器是利用少数载流子注入产生受激发射的器件,和其他激光器一样,半导体激光器发射激光也必须具备三个条件:粒子数反转、共振腔和激励源。由于构成半导体激光管的晶体材料不同,半导体激光器从结构上可分为 PN 结激光器、异质结激光器和分布反馈激光器。

半导体晶体是构成半导体激光器的工作物质,由于其晶体内部电子的共有化运动,使半导体晶体内部原子的费米能级形成的能带结构,如图 1.1 所示。

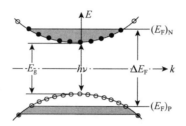

图 1.1　半导体晶体中的费米能级

在晶体中,由价电子能级分裂而成的能带称为价带,如有电子因某种原因受激进入空带,则此空带称为导带。在导带和价带的间隔范围内,由于电子不能处于稳定能态,实际上形成了一个禁区,称为禁带,其宽度常用 E_g 表示。对于直接跃迁,例如电子吸收一个光子,它将从价带顶跃迁到导带底,反之,如从导带底跃迁到价带顶则放出一个光子,放出光子和吸收光子的频率 ν 满足关系:

$$h\nu \cong E_g \tag{1.1}$$

由半导体激光器的理论可知,若半导体晶体中的 PN 结两端电压 U 满足:

$$U > E_g/e \tag{1.2}$$

相互作用区的电子准费米能级 $(E_F)_N$ 和空穴准费米能级 $(E_F)_P$ 则满足产生受激发射的粒子数反转条件:

$$\Delta E_F = (E_F)_N - (E_F)_P \geqslant E_g \tag{1.3}$$

半导体激光器产生的基本原理是在外部激励源作用下,在半导体晶体中的 PN 结两端加上适当的电压,使载流子形成反转分布,即导带中拥有电子,而其对应的价带中则留有空穴,如图 1.1 所示。导带中的电子向下跃迁至能量低的价带,而发生电子和空穴的复合,跃迁时发出光子,由于谐振腔的反馈作用使特定频率的光子可以在腔内因受激辐射而得到放大,最终产生激光。

1.2.1　半导体激光器的频率调谐特性

对于半导体激光器,激光输入的波长由腔长和激光增益二者决定。为了分析方便,可以假设激光波长 $\lambda_c(T)$ 由接近于增益峰值波长 $\lambda_P(T)$ 的腔模 $\lambda_M(T)$ 决定,即

$$\lambda_c(T) = \lambda_M(T) = 2n(T)L/M \tag{1.4}$$

这里,M 是最接近 $2n(T)L/\lambda_P(T)$ 的整数,也即

$$M = \text{int}\{2n(T)L/\lambda_P(T)\} \tag{1.5}$$

由于折射率 $n(T)$ 和温度有关,

$$n(T) = n_0 + pT \tag{1.6}$$

而增益峰值频率 $\nu_P(T)$ 又由禁带宽度决定。当温度变化时,禁带宽度 $E_g(T)$ 随之变化,

$$E_g(T) = E_g(0) - aT^2/(T+b) \tag{1.7}$$

即

$$\nu_P(T) = \nu_P(0) - aT^2/h(T+b) \tag{1.8}$$

对于给定的材料和温度范围,a 和 b 可以看作常数,由此可得激光波长 $\lambda_c(T)$ 和温度 T 的关系为:

$$\lambda_c(T) = \frac{2(n_0 + PT)L}{\text{int}\{(2L/C)(n_0 + PT)[\nu_P(0) - aT^2/h(T+b)]\}} \tag{1.9}$$

由式(1.9)得到如图 1.2(a)的 $\lambda_c(T)$—T 关系曲线,由于腔模的分裂,导致了跳模现象(Mode Hopping)。为了表述激光波长(频率)随温度变化的敏感性,定义温调率为:

$$F^T = \left(\frac{\mathrm{d}\nu}{\mathrm{d}T}\right) \tag{1.10}$$

其单位为 GHz/K,对于一般激光管,$F^T \approx 60\,\text{GHz/K}$。

另外,当改变激光器的工作电流 I 时,由于电流流过激光介质产生的热效应也会改变激光频率,我们将这种激光随工作电流的变化率称为电调率:

$$F^I = \left(\frac{\mathrm{d}\nu}{\mathrm{d}I}\right) \tag{1.11}$$

其单位为 MHz/mA,对于 SDL-5420 型激光管,$F^I \approx 1.3\,\text{GHz/mA}$。如图 1.2(b)所示为 λ_c—I 的关系曲线,其中也有跳模现象产生。

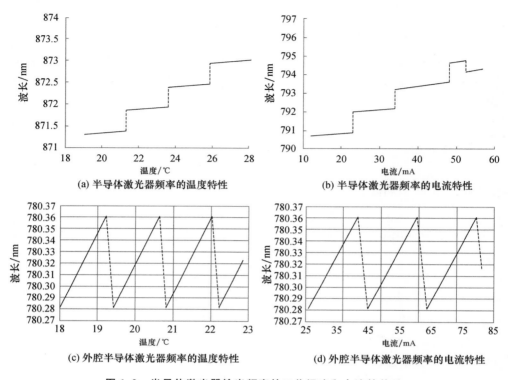

(a) 半导体激光器频率的温度特性

(b) 半导体激光器频率的电流特性

(c) 外腔半导体激光器频率的温度特性

(d) 外腔半导体激光器频率的电流特性

图 1.2　半导体激光器输出频率的工作温度和电流的关系

1.2.2　半导体激光器的功率输出特性

半导体工作物质实现了粒子数反转后,光在谐腔内传播时就有增益,但能否有效地形成激光振荡,还与腔内损耗有关。只有当光在腔内来回传播一周的过程中增益 G 等于损耗 α 时,才能满足振荡的阈值要求,此时的增益为阈值增益 G_{th}。如图 1.3 所示,半导体激光介质腔,则有:

$$R_1 R_2 I(0) \, \mathrm{e}^{(G-\alpha)2L} = I(2L) \tag{1.12}$$

亦即:

$$\mathrm{e}^{(G_{th}-\alpha)2L} R_1 R_2 = 1 \tag{1.13}$$

或

$$G_{th} = \alpha + \frac{1}{2L}\ln\frac{1}{R_1 R_2} \tag{1.14}$$

式 1.14 的右式中第二项为输出端面引起的损耗,当腔长 L 越短,引起的损耗越大。由于半导体激光器是固体激光器,其能产生受激辐射的粒子密度(非平衡载流子)

要比气体激光器的粒子密度高几个数量级,所以其增益系数远大于气体激光器的增益系数。因此,半导体激光器的谐振腔长 L 可比气体激光器的短很多,另外,共振腔端面的反射率也不必很高。对于砷化镓(GaAs)半导体激光器,其增益 G 和工作电流 I 呈线性关系:

$$G = \beta I \tag{1.15}$$

其对应的阈值电流为:

$$I_{th} = \frac{1}{\beta}\left(\alpha + \frac{1}{2L}\ln\frac{1}{R_1 R_2}\right) \tag{1.16}$$

由式 1.16 可知,I_{th} 与反射率 R_1 和 R_2 有关,通常两个共振腔端面都是天然解理面,有 $R_1 = R_2 = 0.32$ 和 $\ln(1/R_1R_2) = 2.28$,若其中一个端面镀全反膜,有 $R_1 = 1$,则 $\ln(1/R_1R_2) = 1.14$。因此,当一个端面镀全反膜时,可以降低阈值电流。另外,当腔长增大时,也可以降低阈值电流。

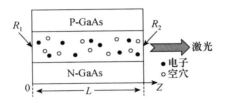

图 1.3　半导体激光介质腔示意图

半导体激光器的输出功率为:

$$P = \eta(h\nu/e)(I - I_{th}) \tag{1.17}$$

其中 η 为量子效率,如图 1.4 所示,半导体激光器输出功率和工作电流的关系。

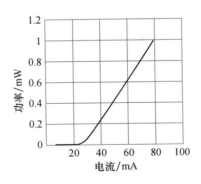

图 1.4　半导体激光器输出功率(部分)和工作电流的关系

1.2.3 半导体激光器的结构和封装

半导体激光器,顾名思义就是用半导体材料作为激光介质的一类的激光器。半导体激光器所涉及的半导体的种类很多,但目前最常用的有两大类,一类是砷化镓(GaAs)和镓铝砷($Ga_{1-x}Al_x As$,下标 x 表示 GaAs 中被 Al 原子取代的 Ga 原子的百分数)系列;另一类是 InP 和 $Ga_{1-x}In_x As_{1-y}P_y$,系列(下标 x、y 表示 In 和 P 的掺杂浓度)。砷化镓和镓铝砷类半导体激光器的波长 λ 取决于掺杂浓度 x,一般为 $0.85~\mu m$ 左右,InP 和 $Ga_{1-x}In_x As_{1-y}P_y$ 类半导体激光器的波长也取决于掺杂浓度 x 和 y,一般为 $0.92\sim1.65~\mu m$,其中最常用的波长为 $1.3~\mu m$ 和 $1.55~\mu m$。目前光纤通信所用半导体激光波长主要在 $1.55~\mu m$ 附近,由于这种波段的激光在光纤中的传输损耗仅为 $0.15~dB/km$,适用于长距离光纤通信,因此 $1.55~\mu m$ 波段半导体激光器倍受青睐。

如图 1.5 所示为双异质结 AlGaAs/GaAs 半导体激光器的典型结构,其中间有源区材料为 GaAs,它在 x 方向上的厚度为 $0.1\sim0.2~\mu m$,有源区被两层相反掺杂的 $Ga_{1-x}Al_x As$ 包围层所夹持,受激辐射的产生与放大就在 GaAs 有源区中进行。该层的 z 方向两端分别镀有反射膜,在出光端的反射率为 $14\%\sim70\%$,在后向反射端的反射率高达 99% 以上。z 方向的长度一般为 $300~\mu m$。因此,半导体激光器的腔长为 $300~\mu m$。在 y 方向有源区长度约为 $1~\mu m$ 左右,周围被折射率较低的半导体材料所包围,形成如图 1.6 所示的二维波导结构。由于有源区在 x 和 y 方向尺度不同,形成了 x 方向光束发散角大($30°$左右),y 方向光束发散角小($10°$左右),如图 1.7 所示。

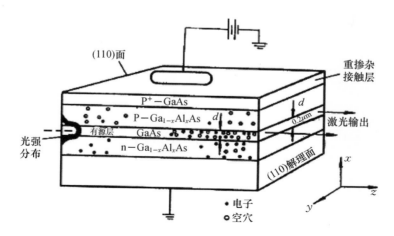

图 1.5 双异质结 AlGaAs/GaAs 半导体激光器的典型结构

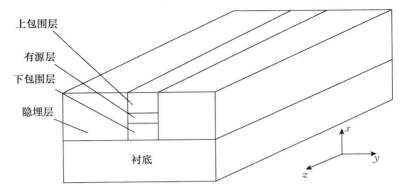

图 1.6 半导体激光的二维波导结构

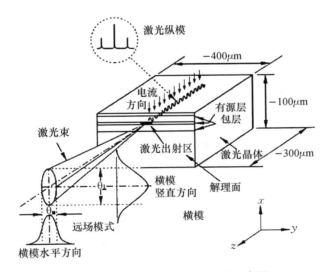

图 1.7 半导体激光光束的输出示意图

半导体发光介质经切割和镀膜后被粘贴在一个导热性能很好的铜制底座上,该底座和激光密封窗、半导体激光器极性引线构成半导体激光器。工作时需要对激光介质进行控温,一般控温的方法是将激光器固定在如图1.8所示的热沉块(或散热块)上,半导体制冷器(Thermoelectric Cooler,TEC)的一个端面一般和热沉块相接触,另一个端面与一块更大的散热底板接触,控制 TEC 电流的流向即可对激光器进行加热或者制冷。对于高功率激光器,散热底座要进行水冷,以保证及时换热。半导体激光器的温度控制由 TEC 控制器调整 TEC 的电流来实现。半导体激光器的温度通过测量热沉的温度得到,在半导体激光器工作时,热沉通过热敏电阻将半导体激光器的温度信息传递给 TEC 控制器,通过其中的比较电路得到设置温度和探测温度的差来决定提供给 TEC 电流的大小和方向,从而实时地控制温度。

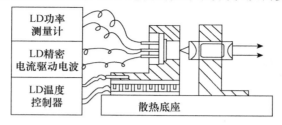

图 1.8 半导体激光器的温度控制示意图

另外还有大功率半导体激光器和激光通信专用半导体激光器,如图 1.9 所示。大功率激光器实际上是由许多单管叠加而成的,一般称这种激光器为半导体激光器列阵,如图 1.10 所示。

(a) 大功率激光管   (b) 光通信激光管

图 1.9 工业领域常见两类型激光管

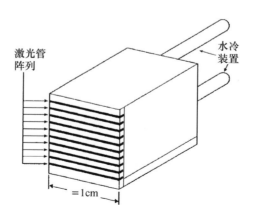

图 1.10 大功率半导体激光器结构图

1.3 外腔半导体激光器

1.3.1 外腔半导体激光器压窄线宽的基本原理

在半导体激光器的诸多应用中,半导体激光器的线宽是一个非常重要的指标。目前常用的半导体激光器的线宽一般在 $15\sim100\,\mathrm{MHz}$ 左右,若加外延腔形成光反馈则激光线宽可以减小几十倍,一般都能压窄到 $1\sim5\,\mathrm{MHz}$ 左右。虽然它对于一般应用(如激光光线通信、激光印刷、激光医疗等)已经满足要求,但是对于基础研究(如高分辨率光谱、激光冷却、囚禁原子和量子频标等)仍然不能满足要求。为了让半导体激光器在基础研究中发挥作用,就必须设法将其线宽变窄。半导体激光器线宽的压窄方法主要有两种,电反馈法和光反馈法。由于光反馈法结构简单,已经为大家普遍采用。

半导体激光器在工作时,腔内同时存在着受激辐射和自发辐射两种过程。自发辐射产生的光子相位是随机分布的,彼此不相干。由于这种相位的随机分布,形成了激光场线宽的下限,即激光本征线宽,其计算由著名的 Shawlow-Townes 关系式给出:

$$\Delta\nu = \frac{\pi h\nu\,(\Delta\nu_c)^2}{P} \tag{1.18}$$

此计算式只适用于单模激光,其中 P 是激光输出功率,$\Delta\nu_c$ 是无源腔的自然线宽,它由下式表示:

$$\Delta\nu_c = \frac{1}{2\pi\tau} = \frac{1}{2\pi[L/(\alpha c)]} \tag{1.19}$$

其中 L 为无源腔的光学长度,α 为腔的单程损耗,c 为光速。由以上两式可以看出,激光的功率越大,激光器的腔长越长,激光的本征线宽就越窄。由于半导体激光器的腔长比气体激光器的腔长要短许多,因此它的本征线宽会比气体激光器大很多。

引入 $a = \Delta n_1/\Delta n_2$,其中 $n_1 + i n_2$ 为半导体激光介质的折射率。在半导体激光器中,自发辐射不仅引起相位的起伏,还能引起光场强度的起伏,这种强度的变化引起载流子密度的变化,从而引起了介质折射率的变化。这种效应将使单模激光的线宽增大为 $(1+a^2)\Delta\nu$。

为了使现有的半导体激光器的线宽能得到有效的压窄,常用的方法是利用外腔光反馈,如图 1.11 所示。从原理上讲,外腔光反馈可以从两个方面使线宽压窄:加外腔等效于腔长的增加;引入光反馈,有利于增强受激发射而抑制自发辐射。

下面我们将外腔光反馈半导体激光器的结构简化为如图 1.11 所示的三腔结构,在此只给出定量的结论,具体的推导计算可以参考有关文献。压窄后的线宽计算式:

$$\Delta\nu' = \frac{1+a^2}{[1+x\cos(\varphi_0+\varphi_R)]^2}\Delta\nu \tag{1.20}$$

有关参数的定义如下:

(1) $a=\Delta n_1/\Delta n_2$,其中 $n_1+\mathrm{i}n_2$ 为半导体激光介质的折射率;

(2) $\Delta\nu$ 为单模激光的本征线宽;

(3) $x=K\tau\sqrt{1+a^2}$,它表示由于外腔引起的净损耗和反馈光引起的腔内介质折射率变化的耦合效应,正是此效应导致了线宽的变化,它决定了线宽变化的大小,K 和 τ 分别是外腔损耗引起的光强随腔轴坐标变化的衰减率和无源腔的时间常数(即光子在腔中的寿命),$\tau=2d/c$;

(4) $\varphi_0=2\pi(2d/\lambda)$,反馈光在外腔往返一次所引起的相位滞后,此处不计激光增益介质引起的相位变化;

(5) $\varphi_R=\tan^{-1}a$,由激光增益介质折射率变化引起的附加相位变化。

定义线宽压窄系数 D:

$$D = [1+x\cos(\varphi_0+\varphi_R)]^2$$

分情况讨论 D 的变化:

(1) 当无外腔光反馈时,$x=0$,$D=1$;

(2) 当外腔长为纵模的整倍数时,$\varphi_0=2m\pi$,$D=(1+K\tau)^2$;

(3) 当相位匹配时,$\varphi_0+\varphi_R=2m\pi$,$D=(1+x)^2$。

由此可以看出,在相位匹配时,线宽有最大压窄。

进一步还可以推导出半导体激光器电调率和温调率的计算公式(具体过程略):电调率 $F_I'=F_I/\sqrt{D}$;温调率 $F_T'=F_T/\sqrt{D}$。

这说明当有外腔光反馈时,半导体激光管本身的电调率与温调率都将变小,即主要受到外腔的控制。

1.3.2 外腔半导体激光器频率调谐的基本原理

半导体激光器的频率调谐是指通过改变半导体激光器的工作温度、工作电流和外腔参数等来获得输出激光频率的相应改变。在大多数应用场合要求激光频率可以做连续的调节,同时激光是单模的并且有较窄的线宽(即单色性好),为了达到这样的要求,通常采用调节外腔参数的方法来进行激光频率调谐。

这里,我们主要介绍两类外腔半导体激光器的调谐原理:

(1) Fox 型外腔半导体激光器的腔长调节。

这类半导体激光器的外腔结构如图 1.11 所示,根据激光纵模条件,

$$L = 2m\lambda \tag{1.21}$$

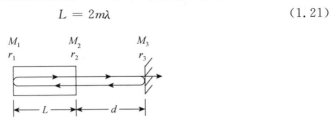

图 1.11 外腔光反馈半导体激光器

这里 L 是外腔的腔长,一般 L 远大于半导体介质腔的腔长,d 是外延腔反射面到最远的介质腔面的距离,m 是纵模数,λ 是波长。由式(1.21)我们可以得到外延腔腔长和激光频率变化的关系:

$$\frac{\Delta\nu}{\nu_0} = -\frac{\Delta L}{2m\lambda_0} \tag{1.22}$$

在不发生跳模的情况下,激光的频率连续改变可以通过外腔腔长的改变获得,这里需注意外腔腔长的变化斜率与激光频率的变化斜率符号相反。

(2) Littrow 型外腔半导体激光器的光栅调节。

Littrow 型外腔半导体激光器是常见的商用可调谐激光器,其结构如图 1.12 所示。这类半导体激光器也是通过加外腔的方式压窄了线宽,不过它还引入光栅反馈,使得激光线宽进一步压窄,同时通过改变光栅转角就可以获得更好的激光调谐频率。

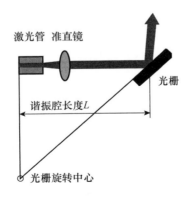

图 1.12 Littrow 型外腔半导体激光器示意图

如图 1.13(a)所示是闪耀光栅的闪耀特性,其中 0 级反射光沿平面反射的角度出射,而其他级(±1,±2,…)衍射光的衍射角度则取决于入射光的波长和光栅的常数,由此可以看出闪耀光栅的选频作用。图 1.13(b)是 Littrow 型外腔半导体激光器的光栅反馈示意图,利用闪耀光栅的闪耀特性,选择适当的入射光波长和入射角度,使闪耀光栅只有 0 级和+1 级反射光,0 级反射光作为出射激光,+1 级反射光作为反馈光,则光栅就构成了激光器的外腔。

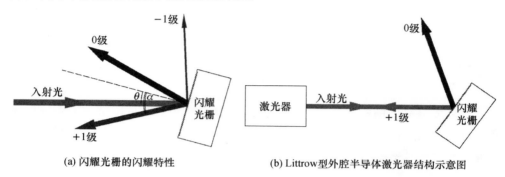

(a) 闪耀光栅的闪耀特性   (b) Littrow 型外腔半导体激光器结构示意图

图 1.13   闪耀光栅的闪耀特性及 Littrow 型外腔激光器结构示意图

当闪耀光栅旋转时,激光器的腔长改变,入射光的波长和入射角也随之改变,由于闪耀光栅的选频作用,如图 1.13(b)所示,+1 级反射光的反射角也随之改变,使+1 级反射光可以仍然按原路返回激光器,这就是调谐激光波长的基本原理。由图 1.13 可知,激光的波长应该满足光栅方程:

$$d(\sin\theta + \sin\alpha_m) = m\lambda \tag{1.23}$$

这里 d 为光栅常数,θ 为激光对于光栅平面的入射角,称为光栅转角,m 为一正整数。在此类激光器中,入射激光与+1 级反射光在一条轴上且反向,所以可以进一步写出:

$$2d\sin\theta = \lambda \tag{1.24}$$

则激光频率与光栅转角变化量的关系为:

$$\frac{\Delta\nu}{\nu_0} = -(\cot\theta)\Delta\theta \tag{1.25}$$

如图 1.14 所示为 Littrow 型外腔半导体激光器中光栅对激光频率控制的影响。

在不发生跳模的情况下,激光的频率连续改变可以通过调节光栅转角获得。Fox 外腔虽能压窄线宽和调谐频率,但由于该结构属三镜腔结构,由式(1.9)可知,在连续改变腔长 L 时,将发生跳模现象,以致形成激光频率的不连续性。为了避免这种现象,最近几年利用输出端面镀减反射膜(ARcoating)的半导体激光管加 Littman 型形成连续可调谐色散腔的方法扩大激光器的连续可调谐范围以及进一步压窄线宽,如图 1.15 和图 1.16 所示。

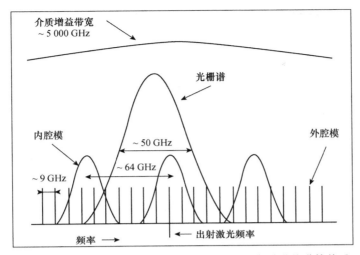

图 1.14 光栅的色散、激光器内外腔模和增益介质增益谱的关系

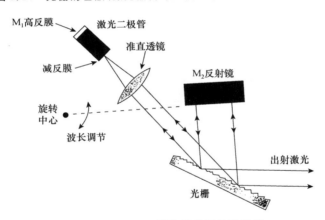

图 1.15 Littman 型外腔半导体激光器

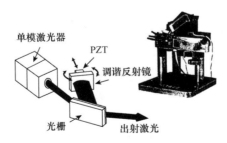

图 1.16 Littman 型外腔半导体激光器

由于外腔半导体激光的波长受控于腔长,因此,其电调率和温调率曲线与不加外腔情况下稍有区别,如图 1.2(c)(d)所示。

第二章　饱和吸收光谱与激光稳频技术

2.1　饱和吸收光谱

饱和吸收光谱技术是一种常用的精密激光光谱技术,其原理是利用单色可调谐激光,将速度为零的原子从其多普勒速度分布的背景原子气体中选出,并使其对探测激光的吸收产生饱和,形成饱和吸收光谱。

2.1.1　激光与原子相互作用

如图 2.1 所示为铷原子超精细能级结构图。铷原子的第二激发态(精细能级) $5^2P_{3/2}$,含有四个超精细能级:$F'=0,1,2,3$,它们之间的能级裂距在 72~270 MHz 之间。如果用激光照射铷原子,应该可以观察到对应的谱线跃迁。

当我们把激光频率对准其中一条超精细跃迁频率,例如 $F=2 \rightarrow F'=3$ 时,激光能够激发这两个超精细能级间的共振跃迁,却几乎激发不了其他能级跃迁($F=2 \rightarrow F'=1,2$),主要是频率失谐太大。因此,光与原子相互作用过程中,对于共振或近共振超精细跃迁,可以把原子简化成二能级模型,如图 2.2(a)所示。

根据电磁场与原子相互作用的基本原理可知,对于静止的原子,在一定的条件下,可以吸收原子而跃迁至激发态 E_2,然后自发辐射返回基态 E_1(这也是爱因斯坦于 1905 年提出的基本思想)。若 ω_0 为原子从基态到激发态的跃迁频率,如图 2.2(a)所示,那么,电磁场与原子相互作用的基本原理告诉我们,当入射光的频率 $\omega=\omega_0$ 时,原子吸收光的概率最大,这时称为共振吸收,它对应的自发辐射发出的光谱也称共振荧光光谱。但是由于上能级 E_2 有一定的寿命,吸收光谱与荧光光谱都有一定的频谱宽度,它由洛伦兹宽度 Γ(以铷 D2 线为例,$\Gamma \approx 2\pi \times 6$ MHz)决定,这种宽度又称原子跃迁谱线的自然线宽,如图 2.2(b)所示,属于洛仑兹线型。

谱线的线宽 Γ 可以理解为,当原子感受到的激光频率进入 $\omega_0 \pm \Gamma/2$ 范围内时,原子可以吸收或辐射光子,产生光谱。实际中的原子,大多处于运动状态,被探测到的原子跃迁频率存在多普勒效应。对于最常用的气室内的原子,原子的速度分布可以用麦克斯韦-玻尔兹曼分布描述,如原子在上能级 E_2 和下能级 E_1 的原子数

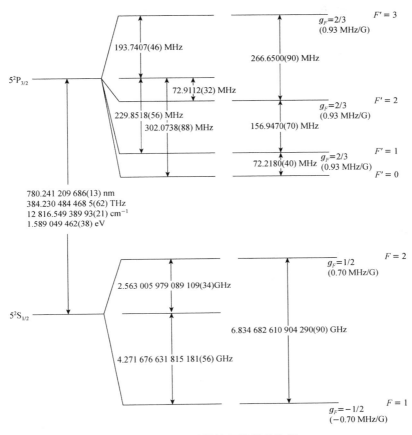

图 2.1　铷原子超精细能级结构图

分别为：N_1 和 N_2，在 $\upsilon \to \upsilon + \mathrm{d}\upsilon$ 的速度区间内，上下能级的原子数分别如式（2.1）所示：

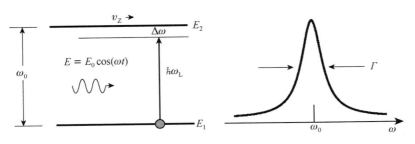

图 2.2　光与原子相互作用的二能级模型及其共振荧光谱

$$N_i(\upsilon)\mathrm{d}\upsilon = N_i \sqrt{\frac{m}{2\pi k_\mathrm{B} T}}\, \mathrm{e}^{-\frac{m\upsilon^2}{2k_\mathrm{B} T}}\mathrm{d}\upsilon \qquad (2.1)$$

这里 $i=1,2$，分别表示能级为 E_1，E_2 上原子的数目，k_B 为玻尔兹曼常数，m 是原子的质量，当中心频率为 ω_0 的原子以速度 υ 运动时，跃迁频率 ω_d 为：

$$\omega_\mathrm{d} = \omega_0\left(1\pm\frac{\upsilon}{c}\right) \qquad (2.2)$$

这实际上就是在静止参考系中观察到运动原子发射的光谱频率，由于原子速度 υ 的分布很宽，导致激光频率在很大范围内都可以被原子吸收，产生的吸收/发射谱就是多普勒吸收/荧光谱。由式(2.1)可知，在 $\nu\rightarrow\nu+\mathrm{d}\nu$ 的频率区间内，上下能级上原子数分布为：

$$N_i(\nu)\mathrm{d}\nu = N_i\,\frac{c}{\nu_0}\sqrt{\frac{m}{2\pi\, k_\mathrm{B} T}}\,\mathrm{e}^{-\frac{mc^2(\nu-\nu_0)^2}{2k_\mathrm{B}\nu_0 T}}\mathrm{d}\nu \qquad (2.3)$$

这里的频率 ν 则为式(2.2)中的原子发射频率，即：$\omega_\mathrm{d}=2\pi\nu$，$\omega_0=2\pi\nu_0$，由式(2.3)的原子数分布可知，运动原子发射的光谱则为高斯分布：

$$g_D(\nu,\nu_0)\mathrm{d}\nu = \frac{2}{\Delta\nu_D}\sqrt{\frac{\ln 2}{\pi}}\,\mathrm{e}^{-\frac{4\ln 2(\nu-\nu_0)^2}{c^2\,\Delta\nu}}\mathrm{d}\nu \qquad (2.4)$$

也即其谱线将变为高斯线型，其对应的频率宽度为：

$$\Delta\omega_D = 2\Delta\nu_D = \omega_0\sqrt{\frac{8k_\mathrm{B} T\ln 2}{mc^2}} \qquad (2.5)$$

由公式(2.5)可知，$\Delta\omega_D\approx 2\pi*500\ \mathrm{MHz}\gg\Gamma/2\approx 2\pi*3\ \mathrm{MHz}$（以常温下铷原子为例）。

　　因此，在一般情况下，我们只能探测到带有多普勒展宽的吸收光谱。为了消除多普勒展宽对探测原子自然线宽 Γ 的影响，美国斯坦福大学的 Theodor W. Haensch 与 Carl E. Wieman 提出了一种简单的消除多普勒本底的方法——饱和吸收法（Saturated Absorption）。

　　为了解释如何通过饱和吸收光谱技术消除多普勒本底，进而探测到具有自然线宽的静止原子的谱线以及在探测过程中交叉饱和吸收光谱的成因，我们假设原子有三能级结构，基态由能级 E_1 表示，激发态分别由能级 E_2 和 E_3 表示，如图 2.3 所示。在进行饱和吸收光谱实验时，我们在原子气室中对射两束相同频率的激光：泵浦光 I_1 与探测光 I_2（即：$\omega_1=\omega_2=\omega$）。假如泵浦光 I_1 沿 $-z$ 方向入射，探测光 I_2 沿 z 方向入射。

　　当泵浦光 I_1 与气室中原子相互作用时，只要满足 $\omega\approx\omega_{12}$ 或 ω_{13}，则静止原子会从基态 E_1 跃迁到激发态 E_2 或激发态 E_3，如图 2.3(a)所示。如考虑原子具有速

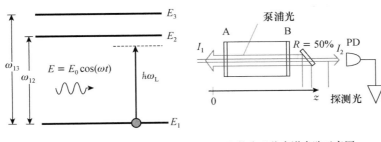

(a) 激光与三能级原子相互作用　　　(b) 饱和吸收光谱光路示意图

图 2.3　原子的三能级结构模型以及饱和吸收光谱光路示意图

度,气室中以速度为 υ 沿 z 方向飞行的原子"感受"到的激光频率为 $\omega\left(1+\dfrac{\upsilon}{c}\right)$,而以相同速度 υ 沿 $-z$ 方向飞行的原子"感受"到的激光频率为 $\omega\left(1-\dfrac{\upsilon}{c}\right)$。可见,虽然都是和同一频率激光作用,不同运动方向的原子,会"感受"不同的频率,这就是多普勒效应作用的结果。

　　这里,对于任一个原子来说,它会同时与两个方向相反的激光(泵浦光与探测光)作用,当原子以速度 υ、向 z 方向移动时,若要它吸收泵浦光而跃迁至激发态 E_2 的话,则需满足:

$$\omega_{12}=\omega\left(1+\frac{\upsilon}{c}\right) \tag{2.6}$$

假设泵浦光的波矢为 k,则 $\omega_{12}=\omega+k\upsilon$,满足共振条件,而原子"感受"到探测激光的频率为 $\omega_{\text{probe}}=\omega-k\upsilon$,基本不满足共振条件。因此一般情况下,对于任一激光频率 ω,原子不能同时和泵浦光以及探测光发生共振跃迁,不过有两种情况例外:

　　第一种情况是当原子速度 $\upsilon=0$ 时,$\omega+k\upsilon=\omega-k\upsilon$,换句话说,对于 z 方向零速度的原子,其感受到的泵浦光和探测光频率是一样的,只要激光频率合适,这些原子能够同时吸收泵浦光和探测光。

　　第二种情况是当原子速度满足 $k\upsilon=\pm 1/2(\omega_{13}-\omega_{12})=\pm 1/2\omega_{2,3}$ 时,只要激光频率 ω 合适,有可能同时满足 $\omega+k\upsilon=\omega_{13}$,$\omega-k\upsilon=\omega_{12}$ 或 $\omega+k\upsilon=\omega_{12}$,$\omega-k\upsilon=\omega_{13}$。换句话说,对于 z 方向 $\upsilon=\pm\dfrac{1}{2}\dfrac{\omega_{2,3}}{k}$ 速度群的原子,其感受到的泵浦光和探测光频率虽然不一样,但只要激光频率满足 $\omega=1/2(\omega_{12}+\omega_{13})$,这些原子能够同时吸收泵浦光和探测光,发生不同能级间的共振跃迁,这是交叉饱和吸收光谱的形成机理。

2.1.2 饱和吸收光谱的基本原理

下面从能级布局数的角度，阐明饱和吸收光谱的基本原理。如图 2.3(b)所示，通过光电探测器(Photo Detector，PD)接收探测激光通过原子气室之后的剩余光强，然后扫描激光频率，就能得到饱和吸收光谱。一般来说，探测光强度很弱，饱和吸收光谱的强度正比于基态 E_1 原子的布局数 N_1，考虑到速度分布，基态原子布居数写成 $N_1(\upsilon)$。

如图 2.4(a)所示，原子从基态 E_1 跃迁到激发态 E_2 的共振跃迁，基态 E_1 的布居数 $N_1(\upsilon)$ 与激发态 E_2 的布居数 $N_2(\upsilon)$ 随速度的分布。当激光频率 $\omega=\omega_{12}$ 时，原子的基态布居数在 $\upsilon=0$ 有一个凹陷(称为 Bennet 孔)，说明激光束方向零速度群的原子吸收了泵浦光之后，从基态 E_1 跃迁到激发态 E_2，引起激发态 E_2 的布居数 $N_2(\upsilon)$ 在 $\upsilon=0$ 有一个凸起(称为 Bennet 峰)。基态原子布居数的凹陷与激发态布居数的凸起有一定宽度，这是由于激发态 E_2 有一定的能级宽度。假设激发态能级宽度为 $\Delta\omega$(由自然增宽或压力增宽引起)，那么相应的 $\Delta\upsilon$ 为：

$$\omega-k(\upsilon\pm\Delta\upsilon)=\omega_{12}\pm\Delta\omega \tag{2.7}$$

基态 E_1 布居数 $N_1(\upsilon)$ 凹陷的面积 $S_1(\upsilon)$ 代表原子吸收泵浦光后，从基态 E_1 跃迁到激发态 E_2 的原子数目，这个原子数目等于激发态 E_2 布居数 $N_2(\upsilon)$ 凸起所对应的原子数：$\Delta N_2=\Delta N_1$，凹陷的形状是一个倒置的洛仑兹线型，Bennet 孔的探测可以由两束激光得到，实验中可以将光强较强的泵浦光(称为饱和光)与一束较弱的探测光(可以忽略由此引起的饱和效应)同时入射气室，通过检测探测光的吸收情况，就可以获得在基态的布居数分布，从而观测到 Bennet 孔。当激光频率扫描到特定值，例如 $\omega=\omega_{12}$ 时，就能探测到 Bennet 孔，此时，泵浦光将下能级粒子数抽

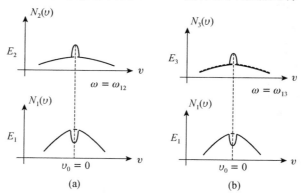

(a) 原子从基态 E_1 跃迁到激发态 E_2，在基态 E_1 与激发态 E_2 的粒子数布居
(b) 原子从基态 E_1 跃迁到激发态 E_3，在基态 E_1 与激发态 E_3 的粒子数布居

图 2.4 激光照射下的原子能级布居数与速度的关系

至上能级(饱和),探测光经过时,原子吸收探测光能力减弱,这样,探测光的透射强度就增加,形成正向凸起的峰,如图 2.5 所示,这个小峰称为饱和吸收峰,在以多普勒背景为本底上有饱和吸收峰的光谱称为饱和吸收光谱。

　　由于饱和吸收峰为洛仑兹线型,呈偶对称,因此,饱和吸收峰的中心频率位置对应于原子跃迁线的中心位置。这也是为什么可以利用饱和吸收光谱准确地测定原子的能级间距,并用其将激光频率准确地锁定于原子能级跃迁的中心频率上的原因。

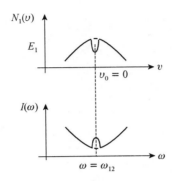

图 2.5　基态布居数的烧孔效应与对应的饱和吸收峰

　　当激光强度增强时,它能引起原子基态粒子数密度的饱和并引起附加的谱线增宽,即饱和增宽,它有两类,均匀饱和增宽和非均匀饱和增宽。如图 2.6 所示,均匀饱和增宽的示意图,中心处的饱和度最强,随着偏移中心距离越大,饱和度越小。当光强逐步增大时,原子发射的线宽增宽,此现象称为饱和增宽。

　　经过理论计算,可以得到饱和吸收峰的半高宽即饱和均匀增宽:

$$\Gamma = \Gamma_0 \sqrt{1+S} \tag{2.8}$$

Γ_0 是自然线宽,S 是激光光强的饱和因子,$S = I/I_s$,I_s 为饱和光强,具体数值可以查阅本书附录。

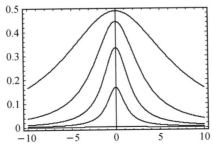

图 2.6　均匀饱和增宽的示意图

可以总结出,饱和吸收峰的产生,就是当激光频率扫描至某一特定频率时,有一特定速度群的原子能够同时与泵浦光和探测光发生共振跃迁,由于泵浦光比较强,几乎消耗了所有该速度群的基态原子,造成原子不再吸收探测光而呈现出透明状态(也即饱和,在光谱上看到是探测光强增大),使得较弱的探测光得以通过气室形成透射峰,而当激光频率偏离这一特定频率时,泵浦光和探测光分别被不同速度群的原子吸收,形成多普勒吸收本底,从而得到饱和吸收光谱,这类机制下得到的谱峰称为本征饱和吸收峰。实验观测到的铷原子饱和吸收光谱如图 2.7 所示。

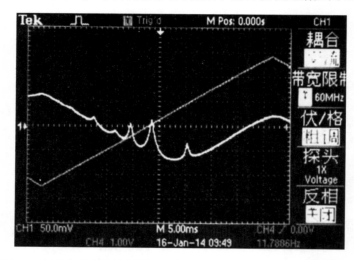

图 2.7　实验中观察到的铷原子饱和吸收光谱以及对应的频率扫描曲线

以上分析针对的是二能级结构原子,如果原子是三能级结构,如图 2.3(a)所示,除了上面提到在频率 $\omega=\omega_{12}$ 或 $\omega=\omega_{13}$ 处,$\upsilon=0$ 速度群的原子会形成两个饱和吸收峰,在频率 $\omega=1/2(\omega_{12}+\omega_{13})$ 处也会形成(如 2.1.1 节所介绍的)一个强度几乎是两倍的饱和吸收峰,称之为交叉饱和吸收峰,这种类型的光谱称之为交叉饱和吸收光谱。

以下详细说明交叉饱和吸收光谱产生的原因。

如图 2.8 中的三能级结构原子,如果泵浦光频率 $\omega=1/2(\omega_{12}+\omega_{13})$ 沿 $-z$ 方向入射时,气室中的某个速度群的原子以速度 υ 沿 z 方向飞行,如果满足条件 $\omega_{13}=\omega+k\upsilon$,则原子吸收泵浦光从基态 E_1 跃迁到激发态 E_3 上,如图 2.8(a)所示,同时原子与向 z 方向入射的探测光也必然满足共振条件 $\omega_{12}=\omega-k\upsilon$,则原子本应该从基态 E_1 跃迁到激发态 E_2,但是由于基态原子已经被泵浦光抽空,原子对探测光呈透明状态,因此探测光在频率 ω 处会出现一个正的透射峰(即饱和吸收峰)。

同理,当泵浦光以频率 $\omega=1/2(\omega_{12}+\omega_{13})$ 以 $-z$ 方向入射时,气室中的某个速度群的原子以速度 v 沿 $-z$ 方向飞行,如果满足共振条件 $\omega_{12}=\omega-kv$,原子吸收泵浦光从基态 E_1 跃迁到激发态 E_2 上,如图 2.8(b)所示,同时该速度群的原子与向 z 方向入射的探测光也必然满足共振条件 $\omega_{13}=\omega+kv$,但是由于基态原子已经被泵浦光抽空,原子对探测光呈透明状态,因此探测光在频率 ω 处会出现一个正的透射峰。

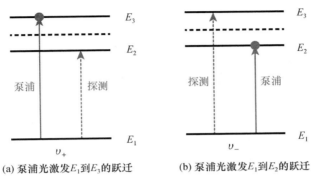

(a) 泵浦光激发E_1到E_3的跃迁 　　(b) 泵浦光激发E_1到E_2的跃迁

图 2.8　交叉饱和吸收峰对应的能级示意图

由于以上 $\pm v$ 速度群原子在同一频率 $\omega=1/2(\omega_{12}+\omega_{13})$ 处产生饱和吸收峰(称为交叉饱和吸收峰),泵浦激发的原子数分别为 $\pm v$ 速度群的基态原子数,形成在 $\pm v$ 处的基态原子布居数烧孔,如图 2.9 所示,由于每个烧孔面积与原子速度为零时的面积相当,因此,交叉饱和吸收峰的强度基本上是本征饱和吸收峰强度的两倍。

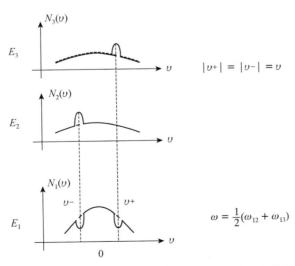

图 2.9　交叉饱和吸收机制下的原子能级布居数烧孔和凸起效应

如图 2.10 所示,三能级饱和吸收光谱的一般结构,两边是本征饱和吸收峰,中间是交叉饱和吸收峰。

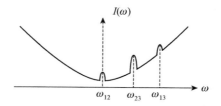

图 2.10 三能级饱和吸收峰示意图

若基态一个能级,激发态有三个能级,那么一般会得到六个饱和吸收峰,如图 2.7 所示,对应三条实跃迁线加三条交叉线。

如图 2.11 所示,实验观察到的部分铷原子 D2 线饱和吸收光谱,谱线中大的轮廓为多普勒吸收峰,在多普勒吸收峰的背景上会出现的一些向上尖锐的小峰,正是铷原子的饱和吸收峰。

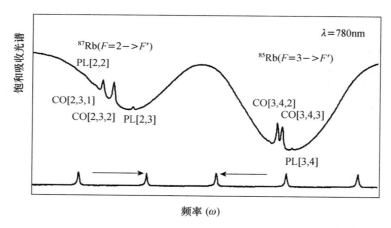

图 2.11 铷原子 D2 线饱和吸收光谱(CO:交叉线,PL:本征线)

2.2 饱和吸收光谱的实验介绍

如图 2.12 所示,饱和吸收实验的典型光路,两个偏振分光棱镜(Polarization Beam Splitter,PBS)加一个法拉第旋光器构成光隔离器(Isolator,ISO),一个半波片($\lambda/2$)和一个偏振分光棱镜(PBS3)组成光强调节系统。半导体激光器输出单模连续可调谐激光,经过高透低反的厚玻璃,分成三束光,一束透射光加两束反射光,其中,选择透射光作为泵浦光,选择其中任一束反射光作为探测光,调节反射镜使得泵浦光和探测光在铷吸收池里重合,然后用光电探测器来接收穿过原子样品之后的探测光,并把其输出接到示波器上进行观测。扫描激光频率,就有可能在示波器上观测到饱和吸收谱。

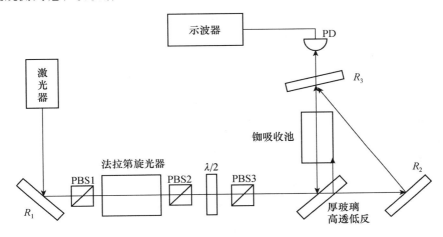

图 2.12　饱和吸收实验的典型光路

2.3　激光稳频的基本原理

　　激光稳频是一项很重要的激光技术,它有着广泛的应用。从本质上讲,激光器是一种光频波段的振荡源,这种振荡源和无线电波段的振荡源在原理上有着根本的不同,前者是原子或者分子的受激辐射,后者是电子器件内部的电子迁移。作为一种理想的电磁波振荡源,我们希望它的单色性要好,输出频率要稳定,重复性要好,准确度要高。由于一般激光器都不是理想振荡源,激光的频率随时间都会有变化,其中快变部分就是激光线宽引起的频率涨落,慢变部分常常是源于周围环境对激光腔体、泵浦源等参量的影响。为了获得接近理想的单色性好、频率稳定的激光,需要对激光频率的短期稳定度、长期稳定度进行稳定控制。

　　最直接的方法是找到一个稳定的参考频率源,想办法把激光频率锁定到参考频率源上即可,这个过程就叫激光稳频。这种参考频率源需要满足两个基本条件:中心频率稳定性好,即长期稳定度好;单色性好(线宽窄),也即短期稳定度好。

　　常见的参考频率源有两类,一类是高 Q 值 F-P 腔(Fabry-Perot Cavity),它的透射峰很窄,有较高的短期稳定度,但是中心频率漂移严重,因此长期稳定度较差;

另一类是原子、分子的高稳定跃迁谱线,这种参考源的谱线线宽可以很窄(如光钟的参考源),谱线中心频率受温度、磁场等外界因素的影响较小,所以既有很好的短期稳定度,又有优质的长期稳定度。激光稳频是一个动态的平衡过程,控制系统不断地把激光频率和参考频率做比较,产生误差信号,对此误差信号进行适当的处理即得到纠偏信号,将纠偏信号反馈给激光器的驱动电流或者外腔,从而实现激光频率的闭环控制,并达到要求的频率稳定度。

现在使用最多的参考频率源是原子、分子的高稳定跃迁谱线。由于稳频激光器的频率以参考频率为基准,所以参考频率的稳定度和准确度决定了激光频率的稳定度和准确度。在实际应用中对激光频率的稳定度要求有两类:一类是光通信和激光光谱实验等,对激光频率稳定度要求不高,只需要精确度达到 1 GHz 即可;另一类是在精密测量相关领域,要求频率精确度达到 1 kHz 以内。不同的要求,对参考源的选择也就不同,精确度要求越高,对参考源的选择就越苛刻。

某些原子或分子谱线线宽窄、对外界环境不敏感、跃迁强度大,这种谱线经选择后精密测量其频率绝对值,然后在规定使用条件(如原子或分子气室的气压、温度、泵浦光的光强、形状等条件)下,把激光频率锁定在这个谱线中心频率上,这种具有确定频率值,稳定度可达 10^{-12} 的稳频激光,我们称之为激光频率标准,即光频标。

饱和吸收光谱就是一种使用非常广泛的激光稳频参考源。饱和吸收光谱的各个超精细谱线都有相似的线型,采用线型函数表示参考谱线,它可以表示为:

$$G(\omega) = f(\omega) + g(\omega)$$
$$f(\omega) = -(a\omega^2 + b\omega + c),$$

其中:
$$g(\omega) = \frac{K}{(\omega - \omega_0)^2 + \left(\frac{\gamma}{2}\right)^2} \tag{2.9}$$

$f(\omega)$ 表示谱线成分的多普勒背景,是二项式,显示为佛克脱轮廓,$g(\omega)$ 表示谱线的超精细能级的跃迁成分,是洛伦兹轮廓。一般情况下,对于原子 $a/K = 10 \sim 100$;对于分子 $a/K = 1\,000 \sim 10\,000$。可见分子的超精细跃迁的强度比原子的要弱得多,分子多普勒吸收背景要比饱和吸收峰大 $2 \sim 3$ 个数量级,一般很难直接观测到饱和吸收峰。

式(2.9)中的 $g(\omega)$ 呈轴对称,其中心点频率 ω_0 就是我们进行激光稳频的参考频率,此频率点对应跃迁谱线的极值点。如果我们能够通过某种方法探测出当前激光频率在谱线上的相对位置,即得知激光频率相对谱线中心点的偏离信息(无偏离、偏左或偏右),就可以给激光器输入相应的反馈信号,纠正激光器的频率。很直接的设想:① 激光频率在参考频率点上,控制信号为零;② 激光频率在参考频率点的左边,控制信号为正纠偏;③ 激光频率在参考频率点的右边,控制信号为负纠偏。纠偏信号可以反馈给激光器的一切可连续调谐参量,比如外腔长度、工作电流、工作温度等,其中,外腔和电流是常用的反馈调节参量,而温度由于响应慢,一般不作为反馈调节参量。

那么如何得到当前激光频率相对参考频率的偏离信息呢? 简单来说就是调制解调的方式。

给激光频率加个小调制 $A\sin(\Omega t)$,称之为调制信号,设调制频率为 Ω,则调制后频率为:

$$\omega' = \omega_0 + A\sin(\Omega t) \tag{2.10}$$

这里的小调制,指的是调制深度 $|A| \leqslant \gamma$,γ 是谱线线宽。将 $G(\omega)$ 在 ω_0 处作泰勒展开:

$$G(\omega') = G(\omega_0) + G^{(1)}(\omega_0)A\sin(\Omega t) + \frac{1}{2!}G^{(2)}(\omega_0)A^2\sin^2(\Omega t)$$

$$+ \frac{1}{3!}G^{(3)}(\omega_0)A^3\sin^3(\Omega t) + O(A^3) \tag{2.11}$$

再将一个 $\sin(\Omega t)$(称之为参考信号,注意与参考频率区分开)与 $G(\omega')$ 两信号相乘,提取出其直流项:

$$\frac{1}{T}\int_0^T \sin(\Omega t)G(\omega')\mathrm{d}t = \frac{1}{2}AG^{(1)}(\omega_0) = -(Aa\omega_0 + Ab/2) + \frac{1}{2}Ag^{(1)}(\omega_0)$$

$$\tag{2.12}$$

其中 $T = 2\pi/\Omega$ 为调制信号的周期。可以看出此直流项正比于饱和吸收光谱信号 $G(\omega)$ 的一次谐波(一次微分)与调制深度 A 的乘积,这就是饱和吸收光谱的一次谐波(一次微分)信号,俗称误差信号,其中积分的数学过程,在电路中通过低通滤波器实现,因为式(2.12)是个类似鉴频的过程,故误差信号也称之为鉴频信号。

如图 2.13 所示,信号发生器(Signal Generator,SG)产生幅度为 A,调制频率为 Ω 的信号,其中一路作为调制信号,输入外腔半导体激光器(External Semiconductor Laser,ECL),使激光频率 ω 发生调制,利用频率带调制的激光进行饱和吸收光谱(Saturated Absorption Spectroscopy,SAS)实验,得到强度调制的饱和吸收光谱,并被光电探测器(Photoelectric Detector,PD)转换成电压信号,经带通滤波放大器 A_1 处理后,输入到相敏检波器(M,实际功能是乘法器);信号发生器的另一路信号,即参考信号,经一个相位延迟调节器(φ)后,进入一个比较器(C),将正弦信号变频率为 Ω 的方波信号,也输入到相敏检波器,与处理后的饱和吸收光谱信号相乘,然后进入一个低通滤波电路(I)滤除高频成分,得到低频的误差信号 V_4。

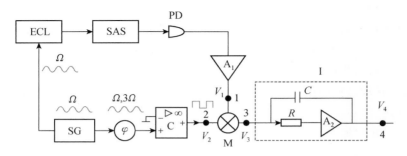

图 2.13 半导体激光稳频的结构示意图

假设半导体激光器的输出频率为 ω，加入调制后，引起的激光频率变化量大小为 $A\sin(\Omega t)$，Ω 为调制频率，A 为调制深度，这样就得到加调制后的激光频率 $\omega' = \omega + A\sin(\Omega t)$，实验中，$A < \Gamma$，$A$ 为 MHz 量级，ω 为 10^{14} Hz 量级，调制频率 Ω 一般取 50 kHz 以下。相对于谱线的中心频率 ω_0，激光频率有三种情况：$\omega = \omega_0$，$\omega > \omega_0$，$\omega < \omega_0$。以下分三种情况讨论：

（1）当 $\omega = \omega_0$ 时，探测激光频率在饱和吸收光谱的峰值位置，激光频率加入调制信号后，激光频率变量的大小为 $A\sin(\Omega t)$，探测激光的光强 I 随时间的变化则会出现如图 2.14(a) 所示的反向倍频信号，该激光光强经光电探测器与放大器 A_1 后会变成电压信号 V_1，如图 2.14(b) 所示，V_1 信号进入相敏检波器（M）后与参考信号 V_2 相乘，形成 V_3 信号，该信号经过低通滤波器（图 2.13 中 I 部分）后，得到直流信号 $V_4 = 0$。因此，探测激光频率在饱和吸收光谱的峰值位置时，误差信号为零，则激光频率不需反馈调节。

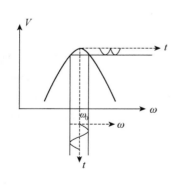

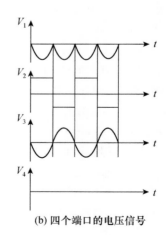

(a) 当 $\omega = \omega_0$ 时，探测激光频率在饱和吸收光谱的峰值位置

(b) 四个端口的电压信号

图 2.14 得到误差信号的示意图（$\omega = \omega_0$）

（2）当 $\omega < \omega_0$ 时，探测激光频率在饱和吸收光谱的峰值位置的左侧，激光频率加入调制信号后，探测激光的光强 I 随时间的变化则会出现如图 2.15(a) 所示的正向正弦信号。该激光光强经光电探测器（PD）与放大器 A_1 后会变成电压信号 V_1，如图 2.15(b) 所示，V_1 信号进入相敏检波器（M）后与参考信号 V_2 相乘，形成 V_3 信号，该信号经过低通滤波器（I）后，形成直流信号 $V_4 > 0$。这表示激光的频率在饱和吸收光谱的峰值位置的左侧，需要加正向误差信号（正直流电压），将激光频率调至峰值处。

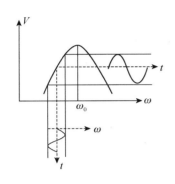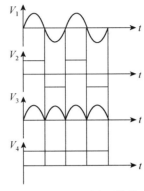

(a) 当 $\omega > \omega_0$ 时，探测激光频率在饱和吸收光谱峰值的左侧　　(b) 四个端口的电压信号

图 2.15　得到误差信号的示意图（$\omega < \omega_0$）

（3）当 $\omega > \omega_0$ 时，探测激光频率在饱和吸收光谱的峰值位置的右侧，激光频率加入调制信号后，探测激光的光强 I 随时间的变化则会出现如图 2.16(a) 所示的反向正弦信号。该激光光强经光电管（PD）与放大器 A_1 后会变成电压信号 V_1，如图 2.16(b) 所示，V_1 信号进入相敏检波器（M）后与参考信号 V_2 相乘后，形成 V_3 信号，该信号经过低通滤波器（I）后，形成直流信号 $V_4 < 0$。这表示激光的频率在饱和吸收光谱的峰值位置的右侧，需要加反向误差信号（负直流电压），将激光频率调至峰值处。

我们可以把半导体激光器稳频的基本原理总结为：通过加入调制信号改变半导体激光器的外腔参数（腔长、光栅转角等）、工作电流或其工作温度，使其输出激光的频率受到相应的调制，从而在对应的光谱输出上有相应的强度变化，然后我们对光谱强度变化进行解调处理，得到激光频率偏离参考频率的信息，由稳频系统输出相应的控制信号，即纠偏电压，把激光器的输出频率纠回参考频率点。通过这样的方式可以把激光频率锁定在参考频率处。

当信号 V_1 和 V_2 的相位差 $\Delta \varphi = 0$ 时，称为相位匹配，此时误差信号幅度最大，但是实际情况中，由于光路和电路都会产生信号的相位延迟，因此需要一个相位延

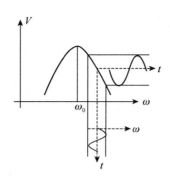

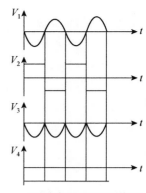

(a) 当 $\omega > \omega_0$ 时，探测激光频率在饱和吸收光谱峰值的右侧

(b) 四个端口的电压信号

图 2.16   得到误差信号的示意图($\omega > \omega_0$)

迟调节电路，保证鉴相时的相位差为 0，这在实际操作中很重要，否则误差信号就会变小，甚至变为零。这是实验中我们需要排除的情况。

数学上可以推出，当 $\Delta\varphi = \pi/2$（正交相位）时，误差信号为 0，如图 2.17～2.19 所示，分三种情况图解如下：

（1）当 $\omega = \omega_0$ 时，V_3 信号出现断裂状的样子；V_4 信号通过滤波得到带有毛刺的直流信号，$\overline{V}_4 = 0$。

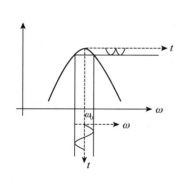

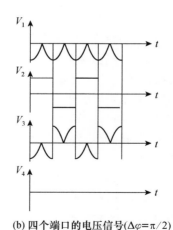

(a) 探测激光频率在谱峰极值处 ($\omega = \omega_0$)

(b) 四个端口的电压信号($\Delta\varphi = \pi/2$)

图 2.17   正交相位下的误差信号图解($\omega = \omega_0$)

（2）当 $\omega < \omega_0$ 时，V_3 信号呈现断裂状的正向正弦波信号；V_4 通过滤波得到直流信号，$\overline{V}_4 = 0$，这样不能正常输出正的误差信号。

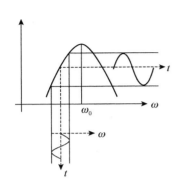

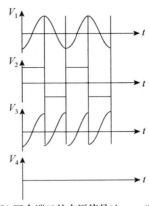

(a) 探测激光频率处在谱峰极值处 ($\omega<\omega_0$)

(b) 四个端口的电压信号($\Delta\varphi=\pi/2$)

图 2.18 正交相位下的误差信号图解($\omega<\omega_0$)

（3）当 $\omega>\omega_0$ 时，V_3 的信号呈现断裂状的反向正弦波信号；V_4 通过滤波得到直流信号，$\overline{V}_4=0$。这样依然不能正常输出负的误差信号。

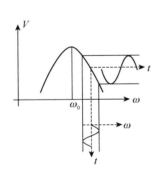

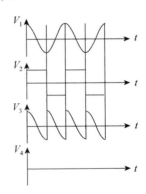

(a) 探测激光频率处在谱峰极值处 ($\omega>\omega_0$)

(b) 四个端口的电压信号($\Delta\varphi=\pi/2$)

图 2.19 正交相位下的误差信号图解($\omega>\omega_0$)

因此当相位延迟 $\Delta\varphi=\pi/2$ 时，激光稳频的反馈信号都为零，这样电路就处于不正常的工作状态，实验中需要避免这种情况的发生。因此，要得到最好的误差信号，一定要将相位延迟保持在 $\Delta\varphi=0$ 的状态。

以上介绍的半导体激光稳频技术，我们称为一次谐波稳频，式（2.12）显示它不能消除多普勒背景，即上面提到的谱峰极值点，即参考频率点，并非洛仑兹线型 $g(\omega)$ 的中心点，而是洛仑兹线型叠加多普勒背景之后的整体线型 $G(\omega)$ 的极值点，这种稳频方法常在饱和吸收光谱峰值与多普勒背景相比，两者强度相当时采用（如铷原子、铯原子饱和吸收光谱稳频)。当饱和吸收光谱峰值比多普勒背景要小得多时,再用一次谐波稳频,多普勒本底的影响就会很严重,为此要获得高质量的稳频,需要将多普勒背景去掉,这种情况下,在实验中常采用三次谐波稳频(如碘分子饱和吸收光谱稳频)。

同式(2.12)类似,可以获得二次、三次等高次谐波信号,分别如式(2.13)、式(2.14)所示,区别在于鉴相前参考信号的频率。

若将 $\sin(2\Omega t)$ 与 $G(\omega')$ 两信号相乘然后经过低通滤波,得到的直流项将正比于饱和吸收光谱信号 $G(\omega)$ 的二次微分与调制幅度平方 A^2 的乘积,称为饱和吸收光谱的二次微分信号:

$$\frac{1}{T}\int_0^T \sin(2\Omega t)G(\omega')\mathrm{d}t = -\frac{1}{4}A^2 G^{(2)}(\omega_0) = -\frac{1}{4}A^2 g^{(2)}(\omega_0) \quad (2.13)$$

若将 $\sin(3\Omega t)$ 与 $G(\omega')$ 两信号相乘然后经过低通滤波,提取出的直流项将正比于饱和吸收光谱信号 $G(\omega)$ 的三次微分与调制幅度立方 A^3 的乘积,称为饱和吸收光谱的三次微分信号:

$$\frac{1}{T}\int_0^T \sin(3\Omega t)G(\omega')\mathrm{d}t = -\frac{1}{48}A^3 G^{(3)}(\omega_0) = -\frac{1}{48}A^3 g^{(3)}(\omega_0) \quad (2.14)$$

由式(2.11)可得 $G(\omega)$ 的一次、二次、三次微分信号分别为:

$$G^{(1)}(\omega) = -(2a\omega + b) - \frac{2K(\omega-\omega_0)}{\left[(\omega-\omega_0)^2 + \frac{1}{4}\gamma^2\right]^2} \quad (2.15)$$

$$G^{(2)}(\omega) = -2a - \frac{2K}{\left[(\omega-\omega_0)^2 + \frac{1}{4}\gamma^2\right]^2} + \frac{8K(\omega-\omega_0)^2}{\left[(\omega-\omega_0)^2 + \frac{1}{4}\gamma^2\right]^3} \quad (2.16)$$

$$G^{(3)}(\omega) = \frac{24K(\omega-\omega_0)}{\left[(\omega-\omega_0)^2 + \frac{1}{4}\gamma^2\right]^3} - \frac{48K(\omega-\omega_0)^3}{\left[(\omega-\omega_0)^2 + \frac{1}{4}\gamma^2\right]^4} \quad (2.17)$$

洛仑兹线型函数及其一,二和三次微分曲线如图 2.20 所示:

由于佛克脱轮廓背景为二次型函数线,由式(2.15)可知一次微分信号不能够完全消除多普勒本底,而式(2.16)结果表明二次微分信号的本底为一常数,并且二次微分信号形状是一个偶函数,信号在谱线中心处不为零,因此不适用于稳频。式(2.17)的结果告诉我们三次微分信号则完全消除了本底,如图 2.20(d)所示,其谱线的零点正好与参考频率中心 ω_0 一致。这种曲线可用于鉴频,与一次微分曲线相比,零点处斜率更大,鉴频灵敏度更大,但是信号强度会减小。

可以看出洛仑兹线型函数的一阶、三阶导函数在中心点的值为零,在中心点附近范围内,中心点左右两边的取值一正一负或一负一正,根据前面一节对稳频原理

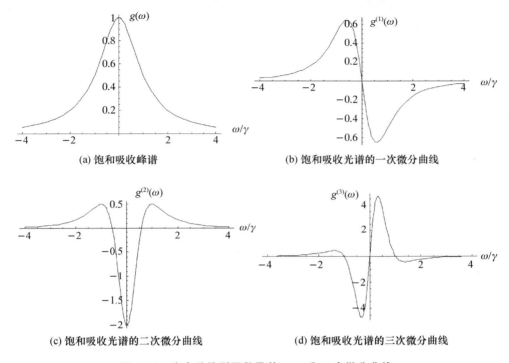

(a) 饱和吸收峰谱　　　　　　　(b) 饱和吸收光谱的一次微分曲线

(c) 饱和吸收光谱的二次微分曲线　　　　(d) 饱和吸收光谱的三次微分曲线

图 2.20　洛仑兹线型函数及其一,二和三次微分曲线

思想的论述,可以用于激光稳频,相应的称之为一次、三次谐波(微分)稳频。同时注意到由于多普勒轮廓背景光谱成分的存在,会对一次谐波稳频产生影响,而对三次谐波稳频无影响。

从洛仑兹线型的一次、三次微分曲线来看,每个微分曲线的鉴频范围是最靠近中心点的两个极大值(一正一负)对应频率的间隔,可以看出一次微分稳频的鉴频范围明显大于高次微分稳频的鉴频范围。若假定光谱线型为洛仑兹线型,经严格计算可得到各类稳频方法的鉴频范围(小调制情况):

(1) 一次微分稳频:$[\omega_0 - 0.57735 \times \Gamma/2, \omega_0 + 0.57735 \times \Gamma/2]$

(2) 三次微分稳频:$[\omega_0 - 0.32492 \times \Gamma/2, \omega_0 + 0.32492 \times \Gamma/2]$

这里 ω_0 为稳频的中心参考频率,Γ 为洛仑兹线型的半宽。

实验中所选取的参考谱线为铷原子的超精细结构饱和吸收光谱。铷原子超精细能级跃迁的强度相对较强,可以用于一次微分稳频;同时,由于一次微分信号的鉴频范围最大,有助于提升稳频系统的长期锁定能力;另外,在相同的调制深度下一次微分信号的信噪比更高,且稳频伺服电路相对简单,易集成。

2.4 半导体激光稳频的基本电路

如图 2.21 所示,半导体激光器的稳频系统,它由可调谐半导体激光器(包括外腔半导体激光器、精密电流控制、精密温度控制和外腔驱动器)、稳频电路系统(伺服环路)、光学系统组成。

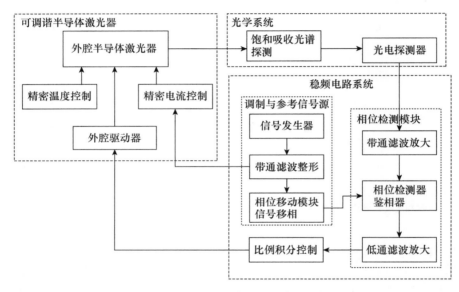

图 2.21 半导体激光器的稳频系统

可调谐半导体激光器用于获得可以调谐的激光输出,精密电流控制主要是向激光器供流,电流的精度要求很高,半导体激光器的电调率在 GHz/mA 的量级,所以供电电流的起伏应控制在微安量级以下;精密温度控制是用来控制半导体激光器中工作物质(半导体)的温度,其精度要求也非常高,因为激光器的温调率很大,它在 10 GHz/K 的量级;外腔驱动器(PieZoelectric Ceramic Transducer,PZT)用于控制半导体激光器的外腔长,由此可以进行激光频率调谐。

稳频电路系统由信号发生器、带通滤波整形、信号移相、带通滤波放大、鉴相器、低通滤波放大模块组成。信号发生器提供稳频所需要的调制信号和参考信号(基频或三次谐波),带通滤波整形是把信号发生器输出的方波信号整形为谐波抑制比很高的正弦信号,调制信号的谐波抑制比应该在 70~80 dB 以上,鉴相的参考信号的谐波抑制比应该在 50~60 dB 以上;信号移相是对信号的相位进行移动,同时不能改变信号的幅度大小,由于半导体激光器稳频系统(特别是光电信号的转换以及激光器本身的工作状态)对信号相位产生未知的移动,影响鉴相出来的误差信号的幅度,降低伺服环路的控制性能,所以设计出这一部分的电路是必需的;带通滤波放大是对得到的光电信号进行选频放大,滤掉其余的频率成分,对于一次谐波稳频和三次谐波稳频方法,带通滤波放大分别选出相应鉴频信号的基频和三次谐波成分;鉴相器实际上是一个乘法器;低通滤波放大是一个积分放大器,滤除鉴相输出的高频成分,留下低频成分即误差信号,然后经过一段比例积分(Proportional and Integral,PI)电路,输出到 PZT 高压驱动器,实现激光稳频系统的闭环。

2.5　微分信号与频率稳定性测量

为了得到并测量微分信号(误差信号),必须给激光器的输出频率加上调制,实验中通过调制激光器的工作电流实现。另外,低通滤波器的带宽也会影响误差信号的大小,同时决定了稳频环路的带宽,实验中,这个带宽约为 15 Hz。要想观测饱和吸收谱及其微分信号,必须得提供激光频率的扫描信号,实验中,扫描信号是加在 PZT 高压驱动器上,并通过一段同轴电缆线连接到示波器上,用作谱线观测的触发源。打开扫描信号开关,调节扫描电压幅度,如果此时激光的输出频率刚好在铷原子的共振能级附近,就能观测到对应的跃迁谱线信号及其微分信号,如图 2.22 所示。

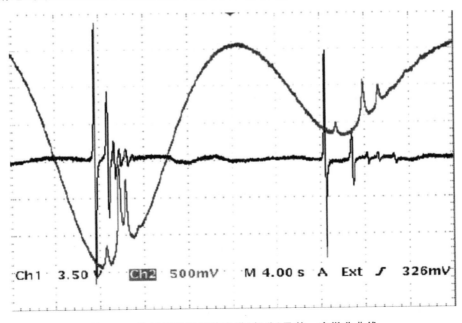

图 2.22　铷原子饱和吸收光谱(部分)及其一次微分曲线

测量半导体激光器输出频率的短期稳定度与长期稳定度,标准的做法是将两台相同型号的激光器分别锁定于原子相邻的超精细谱线上,然后两个激光器各自分出一束光进行合束,输入到快速光电管(Avalanche Photo Diode,APD),得到两激光的拍频信号(差频信号),如图 2.23 所示。然后将拍频信号输入到频率计数器,读取拍频频率后送入计算机,通过相应的软件算出频率稳定度,一般为阿伦方差,如图 2.24 所示。事实上,我们得到的是拍频信号的阿伦方差,考虑到两台激光器型号相同,即性能相近,可以证明,每台激光器输出频率的阿伦方差是拍频信号的 $1/\sqrt{2}$ 倍。

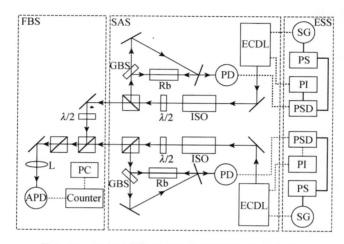

图 2.23　两套稳频半导体激光器系统及其拍频光路

通常用短期与中长期稳定度来描述稳频激光器的频率稳定性。频率稳定度定义为所测频率 $y(t)$ 的 N 次取样方差:

$$\sigma_y^2(N,T,\tau) = \frac{1}{N-1}\sum_{n=1}^{N}\left[\bar{y}_n - \frac{1}{N}\sum_{n=1}^{N}\bar{y}_k\right]^2 \tag{2.18}$$

其中,$\bar{y}_k$ 为 $y(t)$ 的第 k 次测量值,τ 为单次测量时间,T 为测量间隔。美国人阿伦于 1966 年证明最好利用 $N=2,T=\tau$ 的两次取样的平均值表示:

$$\sigma(2,\tau) = \sqrt{\frac{\sum_{k=1}^{m-1}(y_{k+1}-y_k)^2}{2(m-1)}} \tag{2.19}$$

其中 m 是测量的总次数,这就是阿伦方差。可以看出,阿伦方差是采样时间 τ 的函数,$\tau=1s$ 时,对应的阿伦方差称之为激光器输出频率的秒稳;$\tau=100s$ 时,对应的阿伦方差称之为激光器输出频率的百秒稳;依此类推有万秒稳、天稳、月稳等常见指标。

如图 2.23 所示,实线和箭头用来表示稳频激光器拍频光学系统的光路,而虚线用来表示电路系统的连接。半导体激光稳频实验系统由三个子系统组成:拍频测量系统(Frequency Beat System,FBS)、饱和吸收系统(Saturated Absorption System,SAS)和电路伺服系统(Electric Servo System,ESS),如图 2.23 所示,在 FBS 子系统中,$\lambda/2$ 为半波片,APD 为雪崩光电二极管,L 为将激光聚焦到雪崩光电二极管中的聚焦透镜,Counter 为测量激光拍频频率的计数器,PC 为自动记录实验数据的计算机;在 SAS 子系统中,ECDL 为外腔半导体激光器,ISO 为光隔离器,GBS 为分光镜,Rb 为铷吸收池,PD 为光电探测器;在 ESS 子系统中,SG 为调制信号源,PS 为相位移动模块,PI 为比例积分控制,PSD 为相位检测模块。

如图 2.24 所示,外腔半导体激光器锁定于铷原子 D2 线后测到的频率稳定度结果。秒级频率稳定度达到 6.0×10^{-11},当采样平均时间 $\tau = 128\,s$ 时,频率稳定度达到 4×10^{-12}。

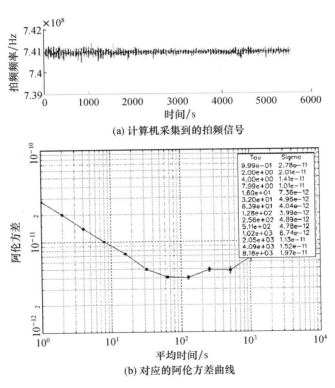

(a) 计算机采集到的拍频信号

(b) 对应的阿伦方差曲线

图 2.24　稳定度测量结果

第三章　激光冷却与磁光阱技术

3.1　前言

　　由第二章可知,要精确的获得原子结构的信息,最好的办法是让原子静止不动。如何让原子从热运动状态变冷,最终达到"静止",这是原子物理科学家们孜孜不倦追求的目标。1960年激光的发明为囚禁和冷却气体原子提供了一种新的方法,1968年苏联科学家 V. S. Letokhov 提出利用激光场来囚禁中性原子的建议;1970年美国 Bell 实验室的科学家 A. Ashkin 提出利用激光的压力偏转原子束;紧接着,1975年美国斯坦福大学的 T. W. Haensch 和 A. L. Schawlow 提出利用激光来冷却原子。他们的基本思想是让运动原子吸收其迎面射来的激光束中的光子,由于原子运动产生的多普勒效应,使其吸收比原子跃迁中心频率低的光子,随后原子又发射出和其中心跃迁频率相同的光子,这样运动原子吸收频率偏低的光子,放出频率偏高的光子。这一过程遵循能量守恒,原子必须减少动能以补充放出光子的能量。由于吸收和放出光子的过程可以在 10^{-8} 秒内完成,这样的过程不断重复,原子可以在很短时间内通过激光冷却将自己的动能降为零,因此,激光冷却是一种冷却效率极高的方法。苏联科学院光谱所的 V. E. Balykin、V. S. Letokhov 和美国国家标准技术研究院的 W. D. Phillips 分别于1980年在实验上冷却了钠原子束;紧接着,W. D. Phillips 和当时在美国 Bell 实验室 Ashkin 小组的朱棣文(Steven Chu)与法国巴黎高等师范学院的 Cohen-Tannoudji 发展了一系列激光冷却的新方法,1987年朱棣文第一次实现的钠原子的光学黏团(Optical Molasses),W. D. Phillips 获得了低于多普勒极限的激光冷却,Cohen-Tannoudji 发展了低于多普勒极限的理论,使激光冷却成了冷却气体原子的一种最有效的方法,为此,他们三个同时获得了1997年的诺贝尔物理学奖。

　　其中值得一提的是,1986年法国巴黎高等师范学院 Cohen-Tannoudji 教授的学生 J. Dalibard 提出了一种冷却和囚禁原子的新方案磁光阱(Magneto-Optical Trap,MOT),其基本思想是用一对反亥姆霍兹线圈和六束对射的圆偏振光束使得在磁场中央的原子主要接受向中心辐射的光子,从而形成一个阱深较深的势阱。

这样中性原子可以被较长时间地束缚在其中,并被激光不断地冷却至毫开尔文量级。1987 年,这种方法由美国麻省理工学院的 D. E. Pritchard 和朱棣文合作在实验上首先实现,1990 年美国天体物理联合实验室的 C. Wieman 直接在气室中获得 MOT,这样就开始了在气室中直接冷却和囚禁中性原子的历史,这是后来最终实现玻色-爱因斯坦凝聚的基础。

3.2　激光冷却的基本原理

我们首先来考虑一个光子与一个二能级原子产生的辐射压力问题,这是一个激光场对原子辐射压力最基本的问题。假设图 3.1 中的一个共振频率为 ω_0 的二能级原子以速度 v 往右飞行,一个频率为 ω 的光子(波长为 λ)从左向右入射原子,由于多普勒效应,原子"感受"的光子的频率为:$\hbar\omega + kv, k = 2\pi/\lambda$,如果它满足条件:

$$\omega + kv = \omega_0 \tag{3.1}$$

则满足共振条件,原子就会吸收光子,从基态 E_1 跃迁到激发态 E_2,并得到一个光子的动量 $\hbar k$,然后,原子将自发辐射频率为 ω_0 的光子,跃迁回到基态 E_1。我们可以从两个物理过程来分析原子是如何损失动能与动量的。

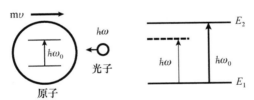

(a) 二能级原子与对射的光子相互作用　(b) 原子能级与光子频率的关系

图 3.1　二能级原子与光子相互作用示意图

从能量守恒角度看,原子吸收了低频率的光子 ω,放出了高频率的光子 ω_0,这样,经过一个循环,原子就会损失能量 $\hbar\Delta\omega = \hbar\omega_0 - \hbar\omega$,这个损失的能量将由原子动能补充,因此一个循环后,原子的动能会损失 $\Delta E = \hbar\Delta\omega$。

从动量守恒的角度看,原子吸收一个光子后,原子的动量将变为 $mv - \hbar k$,当原子自发辐射时,由于自发辐射光子动量是各向同性的,因此自发辐射引起的平均动量改变量为 0。也就是说经过一个循环后,原子会损失动量 $\Delta p = \hbar k$。

以铷原子为例,计算原子每吸收一个光子,原子速度的改变量,即加速度。当原子吸收一个光子,其动量的改变量为:

$$\Delta p = m\Delta v = \hbar k \tag{3.2}$$

因此,吸收一个光子,原子速度的改变量为:

$$\Delta v = \hbar k / m \approx 0.6 \text{ cm/s} \tag{3.3}$$

考虑到铷原子在激发态的自然线宽约为 $\Delta v = 6 \text{ MHz}$,对应的自发辐射概率为 $\Gamma = 2\pi\Delta v = 3.7 \times 10^7 /\text{s}$,所以原子在激发态的寿命为 $\tau = 1/\Gamma = 27 \text{ ns}$,这就是原子从基态跃迁到激发态,再通过自发辐射回到基态,这一个循环所需的时间。假如原子一开始的速度为 1 000 m/s,若要把它冷却到 0,需要 1.7×10^5 次循环,共需耗时仅为 4.5 ms,这是一种效率极高的冷却方式。

激光场对原子的辐射压力从根本上来说是源于光子和原子动量的交换。在实际过程中,由于原子的德布罗意波长 λ_{DB} 和光波长 λ 相比要小得多,因此可以认为原子的运动是服从经典运动规律的。由式(3.2)分析可知,原子每吸收一个光子,原子动量改变的平均值为 $\Delta p = \hbar k$,而对于线宽为 Γ 的原子,它吸收频率为 ω 后的跃迁概率为 $\Gamma \dfrac{1}{2} \dfrac{G}{1+G+4 (\Delta\omega - kv)^2 / \Gamma^2}$,其中,$G = \Omega^2/\Gamma^2 = I/I_s$,$I$ 为激光光强,I_s 为饱和光强,Γ 为原子从 E_2 至 E_1 的弛豫速率,$\Delta\omega = \omega - \omega_0$,则行波场对原子的辐射压力为:

$$F = \hbar k \Gamma \frac{1}{2} \frac{G}{1+G+4 (\Delta\omega - kv)^2 / \Gamma^2} \tag{3.4}$$

设驻波场由二相反方向的平面行波场组成,即:

$$\vec{E}(z,t) = \vec{E}_0 [\cos(\omega t - kz) + \cos(\omega t + kz)] \tag{3.5}$$

在激光辐射压力的作用下,一个系统原子的平均速度可以不断地减小,然而动量扩散作用引起了速度分布的线宽 Δv 不断增加。因此,原子系统的温度就不能无限制地降低,而是存在一个极限温度。

为了讨论方便,先考虑弱光情况。由式(3.4)可知,原子在一维弱驻波场(由两束对射的行波场激光组成)中所受的辐射压力为:

$$F = \frac{\hbar k \Gamma}{2} \frac{I}{I_s} \left\{ \frac{1}{1+I/I_s+4(\Delta\omega - kv)^2 / \Gamma^2} - \frac{1}{1+I/I_s+4(\Delta\omega + kv)^2 / \Gamma^2} \right\} \tag{3.6}$$

对于小速度原子,如满足 $kv \ll \Gamma$ 和 $kv \ll \Delta\omega$ 时,则式(3.6)化简为:

$$F = 4\hbar k \frac{I}{I_s} \frac{kv(\Delta\omega/\Gamma)}{[1+(\Delta\omega/\Gamma)^2]} = -\alpha v \tag{3.7}$$

由上式可知,当 $\Delta\omega < 0$ 时,F 为阻尼力,其阻尼系数为:

$$\alpha = -4\hbar k \frac{I}{I_s} \frac{k(\Delta\omega/\Gamma)}{[1+(\Delta\omega/\Gamma)^2]} \tag{3.8}$$

当 $\Delta\omega/\Gamma = -1/\sqrt{3}$ 时,F 具有最大值。

在阻尼力 F 的作用下,原子的动能减少速率为:

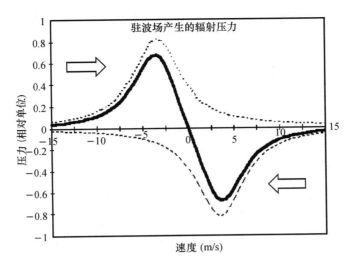

图 3.2　驻波场产生的辐射压力

注：实线对应驻波场对原子的辐射压力与原子速度的关系；

虚线对应不同方向行波场对原子的辐射压力与原子速度的关系

$$\left(\frac{\mathrm{d}E}{\mathrm{d}t}\right)_{\mathrm{cool}} = Fv = -\alpha v^2 \tag{3.9}$$

激光场对原子的作用除了使原子冷却之外，还使原子的动能发生扩散。由于弱光强下，自发辐射引起的动能扩散占主导地位，这种作用使得原子系统加热。原子的动能增加速率为：

$$\left(\frac{\mathrm{d}E}{\mathrm{d}t}\right)_{\mathrm{heat}} = \frac{2D_{\mathrm{s}}}{M} = \frac{2\hbar^2 k^2 \Gamma}{M} \frac{I/I_{\mathrm{s}}}{1+(\Delta\omega/\Gamma)^2} \tag{3.10}$$

当 $(\mathrm{d}E/\mathrm{d}t)_{\mathrm{cool}} = (\mathrm{d}E/\mathrm{d}t)_{\mathrm{heat}}$ 时，原子系统的冷却和加热作用达到平衡，对应的速度为：

$$v^2 = \frac{\hbar\Gamma}{4M} \frac{[1+(\Delta\omega/\Gamma)^2]}{(|\Delta\omega|/\Gamma)} \tag{3.11}$$

按热力学方法取原子单个自由度热能为 $k_{\mathrm{B}}T/2$，则一维光学粘胶对应的温度为：

$$k_{\mathrm{B}}T = \frac{\hbar\Gamma}{4} \frac{[1+(\Delta\omega/\Gamma)^2]}{(|\Delta\omega|/\Gamma)} \tag{3.12}$$

当 $\Delta\omega/\Gamma = -1$ 时，可以得到最低平均温度为：

$$k_{\mathrm{B}}T_{\min} = \hbar\Gamma/2 \tag{3.13}$$

这就是著名的多普勒冷却极限，对于钠原子，其多普勒极限温度为 $240~\mu\mathrm{k}$，对于铷原子 $T(\mathrm{Rb}) = 146~\mu\mathrm{k}$，对于铯原子 $T(\mathrm{Cs}) = 124~\mu\mathrm{k}$。

实际上,从多普勒频移的观点也能得到式(3.13),在多普勒冷却机制中,其冷却力产生于原子速度的多普勒位移 $k\upsilon$,由于原子有一定的自然线宽 Γ,因此对于 $k\upsilon$ 这中心的速度区间 $k\Delta\upsilon=\Gamma/2$ 中的原子都受到相同的作用。当 $k\upsilon\gg\Gamma/2$ 时,原子受到冷却作用,因为这时 υ 相对于 $\Delta\upsilon$ 是可"分辨"的,当 $k\upsilon<\Gamma/2$ 时,υ 相对于 $\Delta\upsilon$ 则不可"分辨"了,因此冷却力就不起作用,由此可得式(3.13)的极限温度。由于这和多普勒频移的"分辨率"有关,故称为多普勒极限,由此可知,当 $\Gamma\to0$ 时,就可以得到相当低的温度。

当光强增加时,这时动量扩散更加严重,进一步的研究表明,这时的极限温度将远高于 $T_{\min}$。

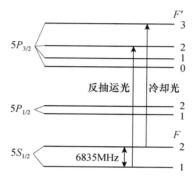

图 3.3　铷原子激光冷却的能级与冷却光、抽运光频率示意图

在实际的激光冷却过程中,由于原子并不是严格的二能级结构,而是多能级结构,因此很难保证原子在冷却激光作用下,在两个能级之间循环。对于铷原子而言,如将冷却激光的波长对准原子的跃迁 $F=2$ 至 $F'=3$,有相当的跃迁概率会被激发到激发态 $5P_{3/2}$,$F'=2$,也即原子在跃迁至激发态 $F'=3$ 的同时,也会跃迁至激发态 $F'=2$,而处于 $F'=2$ 激发态的原子将有一部分概率自发辐射至基态 $F=1$ 上,这样,经过多次的跃迁,原来在基态 $F=2$ 的原子,就会由于冷却激光的影响,跃迁到基态 $F=1$ 上,而停止冷却进程(由于跃迁定则,$F=1$ 至 $F'=3$ 的跃迁是禁戒的,冷却激光对基态 $F=1$ 无作用,即冷却会停止)。为了能够保持激光冷却循环的连续进行,需要加一束反抽运激光(Repumping Light),激光的波长调至 $F=1$ 至 $F'=2$,这样,$F'=2$ 激发态的原子可以通过自发辐射而返回基态 $F=2$,也即被冷却激光抽运到 $F=1$ 的原子,又可以重新返回基态 $F=2$,重新参与 $F=2$ 至 $F'=3$ 的冷却过程。

在实际的激光冷却过程中,需要两种不同频率的激光同时作用于同一原子,并将激光频率锁定在两个不同的跃迁频率,因此激光稳频技术在激光冷却中是十分重要的。

3.3　磁光阱的基本原理

在科学实验中,科学家们不仅希望将原子温度冷却下来,还希望使得被冷却的原子能够囚禁于空间的某个区域内,这种方法称为原子的囚禁。如何将原子既冷却,又囚禁于空间的某个区域内,这需要一种特殊的装置,这种装置称为磁光阱,它由 1986 年法国巴黎高等师范学院的 J. Dalibard 提出,由美国麻省理工学院的 D. E. Prichard 和朱棣文合作于 1987 年第一次在实验上实现。

磁光阱在一对通有相反方向电流的线圈(又称反亥姆霍兹线圈)的四极磁场中,如图 3.4 所示,六束激光束组成互相垂直的三对,每对光束两两对射并且具有相反圆偏振方向,两个线圈再通上反向电流之后,会在线圈中间形成三维方向的梯度磁场,中间磁场为零,六束激光在线圈中间零磁场处交叠,在这个交叠区域附近形成了磁光阱。六束激光的频率略低于原子的共振跃迁频率,即红失谐于所选用的冷却循环跃迁线,在这样的阱中,原子同时感受到来自三个方向的阻尼力和回复力,高速运动的原子可以得到减速,已经得到减速的原子可以被囚禁在零磁场附近的小区域内。

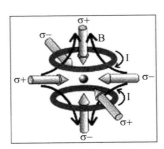

图 3.4　磁光阱中的磁场分布以及光场分布示意图

考虑其中一维方向,假设存在这样的理想原子,基态自旋量子数 $S=0$($m_s=0$),激发态自旋量子数 $S'=1$($m_s=-1,0,1$),处于由两束激光组成的一维光场中,其中一束光是左旋圆偏振光(σ^+),沿着 z 轴正向传播;另一束光是右旋圆偏振光(σ^-),沿着 z 轴负向传播,如图 3.5 所示。在空间位置线性变化的磁场 $B_z(z)=bz$ 中,原子的能级发生塞曼分裂,能级移动与空间位置有关

$$\Delta E = \mu m_s B = \mu b m_s z \tag{3.14}$$

这里,μ 为磁矩,$b=\partial B/\partial z$ 为磁场梯度。当激光的频率红失谐于共振跃迁频率时,处于 $z>0$ 位置的原子同时受到 σ^- 和 σ^+ 光的作用,但原子感受到 σ^- 光的频率(选择定则 $\Delta m=-1$,对应跃迁 $m_s=0\rightarrow m_s=-1$)比 σ^+ 光更接近共振跃迁频率,

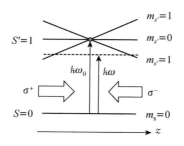

图 3.5 一维磁光阱激光冷却示意图

考虑到原子的跃迁概率,从 σ^- 光束中吸收的光子数大于从 σ^+ 光束中吸收的光子数,因此原子会受到一个指向原点 $z=0$ 的力。同样的,处于 $z<0$ 位置的原子从 σ^- 光束中吸收的光子数小于从 σ^+ 光束中吸收的光子数,受力方向仍然指向原点 $z=0$。这样原子的受力具有回复力的特征,结合原子在冷却光场中受到散射力、偶极力和梯度力的作用,运动原子在磁光阱中逐渐减速冷却,最终被囚禁在 $z=0$ 附近的区域内。

需要指出的一点是,在磁光阱中我们通常采用铷、铯、钾、锂等碱金属原子,它们的原子结构要比上述结构复杂,但是可以等效成上述原子的简单结构,冷却与囚禁的原理基本相同。

为了定量阐述磁光阱冷却与囚禁原子的原理,我们以 z 方向为例,可得两束激光对原子的辐射压力为:

$$F(z,\upsilon) = f_{\sigma^+}(z,\upsilon) + f_{\sigma^-}(z,\upsilon)$$

$$= \hbar k \frac{\Gamma}{2} \frac{I}{I_0} \frac{1}{1 + I/I_0 + 4(\Delta\omega - k\upsilon - \Delta_{\sigma^+})^2/\Gamma^2}$$

$$+ \hbar k \frac{\Gamma}{2} \frac{I}{I_0} \frac{1}{1 + I/I_0 + 4(\Delta\omega - k\upsilon - \Delta_{\sigma^-})^2/\Gamma^2} \quad (3.15)$$

其中,由于磁场引起的原子能级移动为:

$$\Delta_{\sigma^+} = -\Delta_{\sigma^-} = \mu_B B(z)/\hbar = \mu_B bz/\hbar \quad (3.16)$$

考虑在原点位置附近、小速度的原子,可以对式(3.15)进行化简,上式可以按照泰勒级数展开至一阶,则辐射压力为:

$$F(z,\upsilon) = -\alpha\upsilon - \kappa z \quad (3.17)$$

其中的阻尼系数为:

$$\alpha = -\hbar k \frac{\Gamma}{2} \frac{I}{I_0} \frac{16k\delta/\Gamma^2}{(1 + I/I_0 + 4\Delta\omega^2/\Gamma^2)^2} \quad (3.18)$$

以及弹性系数为:

$$\kappa = -\hbar k \frac{\Gamma}{2} \frac{I}{I_0} \frac{16\delta\mu_B b/\hbar\Gamma^2}{(1 + I/I_0 + 4\Delta\omega^2/\Gamma^2)^2} \quad (3.19)$$

这是具有运动速度 v 的原子在磁光阱中受到的阻尼力和回复力的合力,阻尼系数 $\alpha > 0$,弹性系数 $\kappa > 0$,激光场的频率失谐 Δ_σ 和磁场梯度 b 应该分别满足 $\Delta_\sigma < 0$, $b > 0$,才有可能在磁光阱中实现运动原子的冷却和囚禁。

如图 3.6(a)所示,在磁光阱中原子团存在一定的速度分布,温度越低,速度分布曲线的峰值就会越接近零速度,而冷原子团所能达到的最低温度,与激光场的频率失谐有关,如图 3.6(b)所示,事实上,在激光光强、磁场一定的情况下,有一个频率失谐最佳值,它使得温度最低。

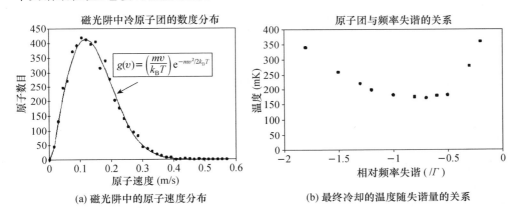

(a) 磁光阱中的原子速度分布   (b) 最终冷却的温度随失谐量的关系

图 3.6 磁光阱中的原子速度分布以及冷却原子的最低温度与频率失谐的关系

在冷却光场和梯度磁场共同作用下,根据原子在磁光阱中的受力 $F(z,v)$ 可以得到磁光阱的势能函数:

$$U(z) = \int -F(z,0)\,\mathrm{d}z \qquad (3.20)$$

取 $I = I_s$, $\Delta_\sigma = -\Gamma$,计算得到磁光阱中的势能分布曲线如图 3.7 所示。在弱光场和原子慢速运动近似条件下,由式(3.17)可以得到原点附近原子的机械能为 $E = 1/2\,mv^2 + 1/2\kappa z^2$,势能分布曲线是抛物线形式,可以认为势能零点附近磁光阱等效为阻尼谐振子势。

根据式(3.20)可以计算出,磁光阱的势能分布跟冷却光的光强、失谐以及磁场梯度有关,简单来说:光强越大,势阱深度增加,囚禁原子的空间范围增大,对应磁光阱捕获原子运动的速度范围增大,冷却效率提高,当光强大到一定程度时,达到饱和;冷却光频率失谐约为原子的自然线宽 Γ 时,势阱深度和空间范围达到最大,冷却效果最佳;磁场梯度也存在一个最佳值,该磁场梯度下,冷却效果最佳。如图 3.7 所示。

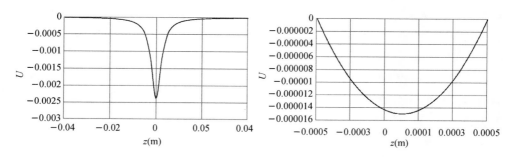

图 3.7　磁光阱中势能分布曲线，原点附近呈抛物线势

3.4　磁光阱有关各项参数的研究与测量

　　获得磁光阱后，需要对磁光阱中的各个参数进行测量，主要参数为：原子数、温度和密度等。测量一般是将一束共振或近共振的激光射入冷原子云团，通过激光扫频，由于不同频率位置，原子将辐射数量不同的光子，由此可以得到上述参量的信息，测量可以分荧光吸收法与荧光收集法。荧光吸收法是将光电探测器直接测量穿过冷原子团的激光（又称透射激光）光强，因为激光被冷原子吸收后，透射的激光光强就会减弱，减弱的强度与被原子吸收的光强成正比，通过测量透射激光光强的变化，就可以得知冷原子团的参数信息。由于需要测量囚禁原子团的尺寸、数量等信息，因此入射激光束的直径一般要大于原子团的直径。荧光收集法是光电探测器测量由于入射激光照射冷原子团后发出的荧光光强（需要通过透镜组收集到光电管表面），原子发射的荧光强度与被原子吸收的光强成正比，通过测量荧光光强的变化，就可以得知冷原子团的参数信息，如图3.8 所示。

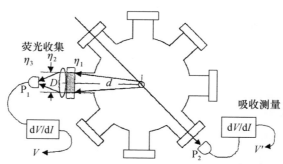

图 3.8　荧光吸收法与荧光收集法测量冷原子团参量的示意图

3.4.1 磁光阱中囚禁原子数

利用磁光阱从气室中直接捕获原子涉及两个过程,捕获原子的过程和原子从阱中逃逸的过程。原子逃逸主要是由背景气体与阱中原子之间发生的两体碰撞引起的,由此可以得到:

$$\frac{dN}{dt} = R - \frac{N}{\tau} - \beta \frac{N^2}{V} \tag{3.21}$$

右边第一项 R 是从真空气室中捕获原子的速率,与系统的真空度有关;第二项与阱中原子和背景气体原子的碰撞过程有关,τ 是原子停留在阱中的寿命;第三项表示阱中冷原子双体碰撞对囚禁原子数目的影响。

对式(3.21)进行合理简化得到磁光阱中囚禁原子数目的最大值为:

$$N = R\tau = \frac{1}{5} \left(\frac{v_c}{\bar{v}} \right)^4 \frac{A}{\sigma} \tag{3.22}$$

$\bar{v}$ 是气室中背景气体原子的平均运动速度,A 是磁光阱的势阱区域的表面积,σ 是原子的碰撞截面。v_c 为捕获速率,它是磁光阱所能捕获的原子可能具有的最大运动速率。半经典理论的计算表明,捕获速率可以理解为当原子受到的力与磁光阱中原子所受辐射力最大值的一半相当时,经过势阱半径的距离后被减至零速所对应的初速度。很显然,冷却光束的直径较大时,冷却囚禁原子的捕获速率变大。由加速度与初速度之间的简单关系可得磁光阱中原子的捕获速率 $v_c = \sqrt{2ar}$,其中冷却加速度 $a = \hbar k \Gamma / 4m$,r 是势阱的半径。

参照磁光阱对原子的捕获速率、原子的碰撞截面以及背景气体的平均运动速度,可以得到以下的定性结果,磁光阱囚禁原子数目与冷却光束直径的四次方成正比,随着冷却光光强的增加而增大,存在最佳的频率失谐值和磁场梯度使得囚禁原子数目最多。

3.4.2 荧光法测量磁光阱原子数

荧光法测量磁光阱中原子数目,如图 3.8 所示,通过分析收集到的共振荧光光子数目来推算原子的数目。荧光光子数反映的是磁光阱中处于激发态的原子数目,激发态粒子数 N_e 与阱中原子数目 N 存在如下关系式:

$$N_e = \frac{N}{2} \cdot \frac{\Omega^2/2}{(\Delta\omega)^2 + \Gamma^2/4 + \Omega^2/2} \tag{3.23}$$

单个原子散射光子的速率 R:

$$R = \frac{(I/I_s)\Gamma}{1 + (I/I_s) + 4(\Delta\omega/\Gamma)^2} \tag{3.24}$$

光电探测器计算原子数目，可用以下公式计算：

$$N = \frac{8\pi\lambda}{\eta hc} \frac{V_{photo}}{\Omega_s \Gamma} \frac{1 + (I/I_s) + 4(\Delta\omega/\Gamma)^2}{I/I_s} \tag{3.25}$$

其中，N 为发射荧光原子数，V_{photo} 为光电探测器收集到的荧光信号，η 为光电探测器效率，Ω_s 为探测到的荧光的立体角，I 为六束冷却光的总光强，I_s 为饱和光强（铷原子 780 nm 波长约为 1.67 mW/cm^2），Γ 为自然线宽（铷原子约为 $2\pi * 6.07$ MHz），$\Delta\omega$ 为激光对原子跃迁线的失谐（此处为 -12 MHz）。通过等式右边参数的测量，我们即可求得磁光阱原子数。

已知冷却光光斑直径为 $D = 20$ mm，六束冷却光功率总和是 63.5 mW，则冷却光的光功率密度为：

$$I = \frac{63.5 \text{ mW}}{\pi (D/2)^2 \text{ cm}^2} = 20.2 \text{ mW/cm}^2 \tag{3.26}$$

则：

$$I/I_s = \frac{20.2 \text{ mW/cm}^2}{1.67 \text{ mW/cm}^2} = 12.1 \tag{3.27}$$

使用的光电探测器，在 16.4 μW 的激光入射下，得到电压 6.9 V，则光电探测器的效率为：

$$\eta = \frac{6.9 \text{ V}}{0.0164 \text{ mW}} = 0.42 \text{ V/W} \tag{3.28}$$

光电探测器探测到的 MOT 区荧光的光电压为 $V_{photo} = 127$ mV，则对应的荧光功率为：

$$P_{photo} = \frac{V_{photo}}{\eta} = 2.9 * 10^{-7} \text{ W} \tag{3.29}$$

利用 50 mm 焦距的凸透镜，直径为 $r = 25$ mm，在距离腔中心位置为 $d = 150$ mm 处使用光电探测器收集荧光，所以探测到的荧光立体角为：

$$\Omega_s = 2\pi(1 - \cos\theta) = 2\pi\left(1 - \frac{d}{\sqrt{d^2 + r^2}}\right) = 0.0219 \tag{3.30}$$

由以上公式可计算出原子数为：

$$N = \frac{8\pi\lambda}{\eta hc} \frac{V_{photo}}{\Omega_s \Gamma} \cdot \frac{1 + (I/I_s) + 4(\Delta\omega/\Gamma)^2}{I/I_s} = 3.9 \times 10^7 \tag{3.31}$$

3.4.3　吸收成像法测量磁光阱原子数

吸收成像法是通过探测磁光阱中冷原子吸收探测光强度的空间分布来计算总原子数目。吸收成像法探测是将图 3.8 中的光电探测器 P_2 替换成 CCD 成像系统，通过分析 CCD 收集到探测光光子数目来推算原子的数目。

当一束探测激光通过原子团时,被原子团吸收后透射的光强为:

$$I_T(x,y) = I_0(x,y)\, e^{-D(x,y)} \qquad (3.32)$$

其中,$I_T(x,y)$为透射光光强,I_0为入射光光强,$D(x,y)$为原子团光学厚度的空间分布,它由以下公式决定:

$$D(x,y) = \sigma \int n(x,y,z)\mathrm{d}z \qquad (3.33)$$

这里 $\sigma = (3\lambda^2/2\pi)[1+(2\Delta\omega/\Gamma)^2]^{-1}$ 为吸收截面。

由式(3.32)可见,只要准确测量比值:$I_T(x,y)/I_0(x,y)$(即探测光相对强度的空间分布)就能得到光学厚度 $D(x,y)$ 空间分布的信息,具体测量通过三次拍照完成。由于存在背景光,导致探测到的光强不只是 MOT 原子发射出的荧光,所以我们需要拍摄三张图片。图 3.9(a)为有原子和有背景时拍摄的照片,我们命名为 $I_{\mathrm{atom}}(x,y)$;图 3.9(b)为没有原子只有探测光和背景的照片,我们命名为 $I_{\mathrm{light}}(x,y)$;图 3.9(c)为只有背景时拍摄的照片,我们命名为 $I_{\mathrm{bg}}(x,y)$。由此可以算出扣除背景光后 MOT 原子吸收探测光后的光强分布为:

$$I_T(x,y) = I_{\mathrm{atom}}(x,y) - I_{\mathrm{bg}}(x,y) \qquad (3.34)$$

以及扣除背景光后入射光强分布为:

$$I_0(x,y) = I_{\mathrm{light}}(x,y) - I_{\mathrm{bg}}(x,y) \qquad (3.35)$$

根据以上公式可求出光学厚度矩阵:

$$D(x,y) = -\ln(I_T(x,y)/I_0(x,y)) \qquad (3.36)$$

同理,对 CCD 标定后,根据光学厚度矩阵 $D(x,y)$,对矩阵内元素求和即可得原子数,依次求得原子数、原子密度、温度等。对于原子数则为:

$$N = \int n(x,y,z)\mathrm{d}x\mathrm{d}y\mathrm{d}z = 1/\sigma \int D(x,y)\mathrm{d}x\mathrm{d}y \qquad (3.37)$$

(a) 有MOT有背景　　　(b) 无MOT有背景　　　(c) 纯背景

图 3.9　CCD 显示器上观察到的冷原子团及其背景图片

将图 3.9 所示的三张图片代入计算原子数的程序,即可得原子云分布矩阵,如图 3.10 所示,采集 20 组数据,最后求得该阶段的 MOT 平均原子数为:$\overline{N}_{\text{atom}} = 3.6 \times 10^7$。

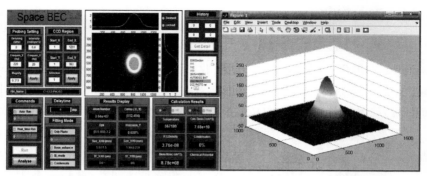

(a) 吸收成像法MOT原子数计算程序   (b) 冷原子团分布的三维显示

图 3.10 吸收成像法 MOT 原子数计算结果

计算出原子数的数量级同样为 10^7,只是有效数字有些许差异,这主要是由于两种探测方法的不同,一种利用 CCD 成像来计算原子数,另一种采用光电探测器光强来计算原子数。CCD 是灵敏度和精度都较高的感光器件,CCD 测光强可以获得较光电二极管更准确的结果。但根据两者计算结果分析,MOT 原子数计算结果误差很小,可以确定利用荧光成像法的图像处理程序基本准确。

3.4.4 磁光阱冷原子团的温度测量

对磁光阱中冷原子团温度的测量可以采用以下两种方法:

第一种是原子云的尺寸估算法。其基本原理是,当磁光阱中囚禁的冷原子数目较少时,可以忽略冷原子之间的相互作用,决定原子密度的主要因素是温度。将磁光阱等效地看作是阻尼谐振子,那么磁光阱中原子密度分布符合高斯分布:

$$\frac{1}{2}k_{\text{B}}T = \frac{1}{2}\kappa \langle r^2 \rangle \tag{3.38}$$

式中 k_{B} 是玻尔兹曼常数,T 是磁光阱中冷原子的温度,κ 是磁光阱的弹性系数,由式(3.19)决定,r 是势阱半径。

这样,可以得到原子温度仅是冷却光参量和冷原子团半径的函数,由原子云的尺寸可以估计出原子的温度。

$$\frac{1}{2}k_{\text{B}}T = \frac{1}{2}\kappa r^2 \Rightarrow T = \kappa r^2 / k_{\text{B}} \tag{3.39}$$

因此,只要测量出 MOT 中原子团的尺寸大小,就可以得到原子的温度。

第二种是利用原子团扩展法。它与飞行时间法近似,是在冷却光关闭的一段时间内用荧光成像法来观察原子团尺寸的变化情况,利用 CCD 拍摄原子团在 MOT 过程后的不同时间的图像分布,根据荧光强度图像的扩散情况可求得原子团的速度分布,进而求得温度。

MOT 阶段原子团速度分布满足麦克斯韦-玻尔兹曼速度分布率公式:

$$f(v_i) = \left(\frac{m}{2\pi k_{\mathrm{B}} T}\right)^{1/2} \exp\left(-\frac{m}{2 k_{\mathrm{B}} T} v_i^2\right) (i = x, y, z) \tag{3.40}$$

其中,v_i 表示方向 $i(i=x,y,z)$ 上的速度分布,T 为原子团温度,m 为铷原子质量,k_{B} 为玻尔兹曼常量。上式表示在方向 i 上速度为 v_i 的原子数的占比。

令 t 为原子团自由扩散时间,r_i 表示原子自由扩散后在 i 方向的坐标,r_{0i} 为原子自由扩散前在 i 方向的坐标,将 $v_i = (r_i - r_{0i})/t$ 代入上述公式得:

$$f\left(\frac{r_i - r_{0i}}{t}, t\right) = \left(\frac{m}{2\pi k_{\mathrm{B}} T}\right)^{1/2} \exp\left(-\frac{m}{2k_{\mathrm{B}} T}\left(\frac{(r_i - r_{0i})}{t}\right)^2\right) (i = x, y, z) \tag{3.41}$$

将上式等价改写为:

$$f(r_i - r_{0i}, t) = \left(\frac{m}{2\pi k_{\mathrm{B}} T t^2}\right)^{1/2} \exp\left(-\frac{m}{2 k_{\mathrm{B}} T}\left(\frac{(r_i - r_{0i})}{t}\right)^2\right) (i = x, y, z) \tag{3.42}$$

原子团扩散前密度空间分布满足高斯公式:

$$n_0(r_{0i}) = \left(\frac{1}{2\pi \sigma_{0i}^2}\right)^{1/2} \exp\left(-\frac{r_{0i}^2}{2\sigma_{0i}^2}\right) \tag{3.43}$$

其中,σ_{0i} 表示方向 i 上原子团的原始大小(半径除以 $\sqrt{2}$),上式表示原子团扩散前,原子团密度的空间分布,经过 t 时间扩散后,原子团依然满足高斯分布:

$$n(r_i, t) = \left(\frac{1}{2\pi \sigma_{it}^2}\right)^{1/2} \exp\left(-\frac{r_i^2}{2\sigma_{it}^2}\right) \tag{3.44}$$

上式中,σ_{it} 表示在 t 时刻方向 i 上的原子团大小(半径除以 $\sqrt{2}$),经过 t 时间扩散的原子团密度分布同样满足以下公式:

$$n(r_i, t) = \int f(r_i - r_{0i}, t)\, n_0(r_{0i})\mathrm{d}\, r_{0i} \tag{3.45}$$

对上式积分可求得:

$$\sigma_i(t)^2 = \sigma_i(0)^2 + k_{\mathrm{B}} T t^2/m \tag{3.46}$$

由原子团的半径 $r_i = \sqrt{2}\sigma_i$,可以得到原子团扩散前后半径的变化公式:

$$r_i(t)^2 = r_i(0)^2 + 2 k_{\mathrm{B}} T t^2/m \tag{3.47}$$

由以上公式可知,只要我们测量自由扩散期间两个不同时刻,如 t_1 和 t_2 时间(令 $t_2 > t_1$)的原子团半径,即 $r_i(t_1)$ 和 $r_i(t_2)$,根据公式:

$$T = \frac{m}{2k_{\mathrm{B}}}\left(\frac{r_i(t_2)^2 - r_i(t_1)^2}{t_2^2 - t_1^2}\right) \tag{3.48}$$

即可求得 MOT 阶段原子团温度,如图 3.11 所示,探测到的温度 $T=300\sim500\ \mu K$。

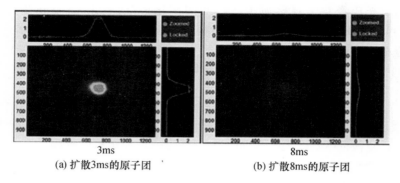

(a) 扩散3ms的原子团   (b) 扩散8ms的原子团

图 3.11 自由扩散期间两个不同时刻的原子团

可以注意到此时磁光阱中冷原子团的温度低于多普勒冷却极限温度,接近光学黏团方法得到的冷原子温度,这是因为实验中冷却光的光强较小,在这样的失谐和磁场梯度条件下磁光阱的阱深较浅,而磁光阱中囚禁原子数目也较小(视频监视器上冷原子团的荧光信号也较弱)。当进一步增大或减小冷却光的失谐,可以囚禁的原子数目更小。在系统容忍的测量误差范围内(光电管的效率和后级放大器的转换噪声等限制),当冷却光的失谐大于 $-12\mathrm{MHz}$(绝对值)或者小于 $-6\mathrm{MHz}$ 时冷原子的温度会逐渐升高。在冷却光光强较低、失谐较大、磁场梯度较小的情况下,磁光阱的阱深较浅,可以囚禁的冷原子数目较小,同时冷却囚禁原子的速度分布很窄,即阱深较浅的磁光阱中可以囚禁的原子温度也较低。

第四章　超快光纤激光技术

4.1　前言

　　世界上第一台激光器——红宝石激光器在 1960 年诞生。随后 1961 年,第一台光纤激光器——掺钕(Nd)光纤激光器就出现了。随着光纤技术的快速提升,尤其是光纤通信技术和产业的大力发展,光纤激光器无论在科研还是应用市场领域都展现了强大的活力和前进趋势。这一切都是基于其自身的独特优势,光纤的柔软性好,便于集成;作为波导器件,不受环境影响,稳定性高;面积与体积比大,散热性好,功率大,基本无须水冷;光转换效率高,能耗低等等。光纤激光器的各类优势已经使其广泛应用于各个领域,计算机和微电子制造业中微电子器件的加工,工业制造业中的金属切割焊接,医疗卫生行业中的激光美容、手术刀、屈光手术、白内障手术及各类应用的光源等。

　　随着激光技术飞速发展,超快激光也出现在人们的视线之中,它具备独特的超短脉冲(皮秒量级)、超高的峰值功率,能在较低的平均功率和脉冲能量下,得到极高的峰值光强,从而实现传统的连续激光无法完成的应用,尤其在光与物质的非线性、快速时间作用等方面的研究。超快激光超短的激光脉冲使得激光脉冲的频谱宽度相当大。这样宽的频谱在进行诸如原子能级研究、频谱分析、精密测量等方面都具有重要的应用。

　　光学频率梳(光梳)的本质就是锁模激光,而光梳的发展史也正是锁模激光的发展历程,利用频率梳可以大幅度提高光谱仪的定标精度,虽然最初的光学频率梳都是由固体激光器研制而成,但是固体激光器的空间不稳定、泵浦光源昂贵、放大不便等问题使得光纤激光频率梳取代钛宝石固体激光频率梳,成为光学频率梳的主流。到目前为止,光梳已经成为很多高端研究的基础科学仪器,例如原子跃迁频率的精密测量、光钟频率的测量、精细结构常数的测量、引力波的测量、微重力的测量、系外行星的探测、高精度绝对距离的测量、高精度快速傅里叶变换光谱学、光频与射频之间的转换装置、导航定位以及时间频率标准传递等。

4.2　光纤的基本特性

4.2.1　光纤的波导特性

　　光纤是一种波导,通常主要成分为二氧化硅(石英玻璃),光在光纤中的传播可以简单地利用普通光学的全反射原理进行理解,如图4.1所示,耦合进入的光纤存在一个最大耦合角度和内部的临界传播角度,这个最大的耦合角度也就对应了光纤的数值孔径(Numerical Aperture,NA),数值孔径标定了一个光纤的接受光的能力。

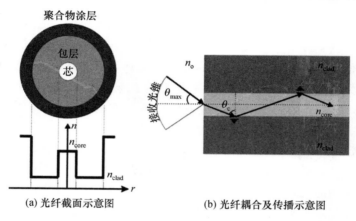

(a) 光纤截面示意图　　　　　　　(b) 光纤耦合及传播示意图

图 4.1　光纤截面以及光耦合进入光纤并传播示意图

　　光纤激光器技术中应用的大多数光纤纤芯折射率比周围介质(包层)高,最简单的情形是阶跃折射率光纤,即折射率在纤芯和包层分别都是常数:

$$NA = n_0 \sin\theta_{\max} = \sqrt{n_{\text{core}}^2 - n_{\text{clad}}^2} \tag{4.1}$$

式(4.1)中纤芯和包层的折射率差决定了光纤的数值孔径,一根光纤可以支持一个或多个导波模式,其强度分布在光纤纤芯或者纤芯周围,强度的一部分也可能在光纤包层中传播。另外,包层模式很多,这些模式不局限在纤芯区域,包层中的模式通常在传输一段距离之后能量就会消失。在包层之外,通常还有保护的聚合物涂层,使光纤机械强度增大,并且防潮和其他对包层模式有害的效应,这一缓冲层可能包含丙烯酸盐、硅树脂或聚酰亚胺。在光纤端口,通常需要剥除涂层。

4.2.2　光纤的传播损耗特性

　　二氧化硅是最广泛的光纤材料,主要得益于其极低的传输损耗和超高的机械强度。光在此类光纤中的传播损耗非常小,其中的衰减主要来自于短波长处的瑞利散射和长波长处的多光子吸收(红外吸收),如图 4.2 所示。瑞利散射来自于折射率涨落,这在玻璃中基本上不能避免,但是可以利用高数值孔径光纤中的浓度涨落来有效抑制该效应。其他损耗来自于非弹性散射(自发布里渊散射和拉曼散射)、杂质吸收和纤芯直径的涨落。

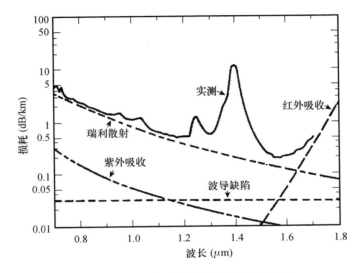

图 4.2　1979 年生产的单模光纤的损耗谱图

石英光纤中 1 500～1 600 nm 光最低的损耗可以小于 0.15 dB/km(约单位千米 4.5%),接近于非均匀玻璃中瑞利散射的理论极限值。在 1 400 nm 附近还存在损耗峰值,这可以通过优化纤芯的化学成分减小 OH 离子含量极大的降低损耗。但是,具有很高 OH 离子含量的光纤在紫外光谱区域具有更低的损耗,而在红外光谱区则具有损耗峰值。

4.2.3　光纤的色散特性

光纤中传输的光脉冲由许多不同的频率分量组成,具有一定的频谱宽度。在传输过程中,因群速度不同互相散开,引起脉冲形状的变化以及传输信号波形失真,脉冲展宽的物理现象称为色散,这一点尤其是针对具有宽光谱特性的超快激光脉冲传播的情形更为明显。光纤的色散主要有材料色散、波导色散、偏振模色散和模间色散四种,其中,模间色散是多模光纤所特有的。

光纤的色散针对超短脉冲的传播起着非常重要的作用,严重影响着脉冲在光纤中传播的过程。通常,为了达到人们对光纤色散的要求,人们可以通过调整波导色散来改变整个光纤的色散,比如在通信系统中常用的色散平坦光纤以及色散位移光纤,如图 4.3 所示。

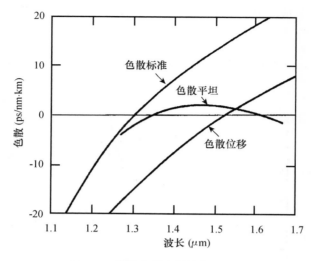

图 4.3　几种典型光纤的色散曲线

4.2.4　光纤的偏振特性

普通光纤具有圆对称的结构,原则上即使制作完美的光纤也存在一定程度的双折射效应,主要是因为在实际应用中总会受到一些机械应力或者其他效应而破坏对称性。因此,光在光纤中传播时偏振态会发生不受控制的改变(与波长有关),并且还与光纤弯曲和温度有关。具有一定双折射效应的光纤,如果是线偏振光以与双折射轴(快轴和慢轴)45 度夹角耦合进入光纤之后,就会发生偏振的周期性变化,比如从线偏振光转变为椭圆偏振光、圆偏振光,再变回为椭圆及线偏振光等等,如图 4.4 所示,我们把这个完全的偏振变化周期对应光纤的长度叫作拍长。

人们也可以通过故意引入强双折射来实现偏振态的保持,此类光纤有高双折射光纤(又叫保偏光纤,保持线偏振),保圆光纤(保持圆偏振)。对于保偏光纤来说,只要入射光纤中光的偏振方向与保偏光纤的一个轴平行,即使光纤存在弯曲,光的偏振态也不会发生变化。其物理原理是由于很强的双折射效应,两个偏振模式的传播常数不同,通常光纤中存在的干扰导致两个模式之间无法发生有效耦合。

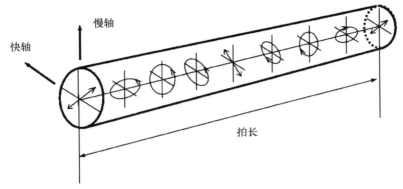

图 4.4 光纤拍长及偏振态的变化

4.3 光纤激光器

严格意义的光纤激光器通常是指采用光纤作为增益介质的激光器,也有一些激光器中采用半导体增益介质(半导体光放大器)和光纤谐振腔也可以称为光纤激光器。另外,人们也常用一些其他种类的激光器(例如,光纤耦合半导体二极管)和光纤放大器也称为光纤激光器,这些都是不严格的。通常情况下,光纤激光器的泵浦光源采用的是光纤耦合输出的半导体激光器,与光纤耦合输出的半导体激光器相比,光纤激光器的一个很大优势就是在大功率下能够实现良好的模式输出。在这个意义上讲,光纤激光器也是一种模式转换和优化的器件。

4.3.1 光纤激光器基本结构

一个简单的光纤激光器基本结构如图 4.5 所示,泵浦光从左边通过二色性反射镜后进入掺杂光纤的纤芯,产生的激光从右侧提取出来。为了利用光纤得到激光器谐振腔,可以采用一些反射器形成一个线性谐振腔,或者制造一个光纤环形激光器,采用线性腔也可以采用环形结构腔。尽管光纤激光器的增益介质与固体激光器类似,但是由于波导效应的存在和较小的有效模式面积,会得到具有不同性质的激光器。

图 4.5 光纤激光器基本结构示意图

在具体的构成光纤激光器的结构中,总体上可以分为线性腔和环形腔两种形式,每种形式又由不同的器件来协助构成腔,如图 4.6 所示。例如在图 4.6(a)中直接利用介质反射镜就可以构成线性腔的反射;同时也可以直接利用裸光纤端面的菲涅尔反射作为光纤激光器的输出耦合器,如图 4.6(b)所示;如果将光纤中出射的光采用透镜使其准直,并且经过二色性反射镜反射回来,可以得到更好的功率处理能力;也可以采用成熟的光纤布拉格光栅,由掺杂光纤直接制备或者将未掺杂光纤熔接到活性光纤上,如图 4.6(c)所示;还可以利用一个光纤耦合器和无源光纤形成一个光学环路反射镜,利用此反射镜构成的一个 8 字形的光纤激光器,如图 4.6(d)所示。

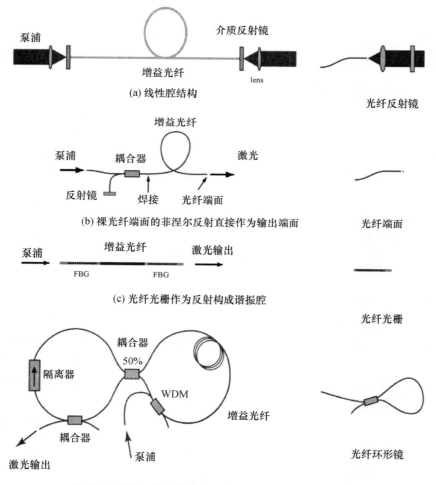

(a) 线性腔结构

(b) 裸光纤端面的菲涅尔反射直接作为输出端面

(c) 光纤光栅作为反射构成谐振腔

(d) 光纤环形镜及光纤耦合器等构成环形腔结构

图 4.6　几种典型的光纤激光器构成图

4.3.2　不同掺杂稀土离子

大多数情况下的增益介质为稀土离子掺杂光纤,例如铒(Er^{3+})、镱(Yb^{3+})、铥(Tm^{3+})或镨(Pr^{3+}),如表 4.1 所示,并且需要采用一个或者多个光纤耦合激光二极管来泵浦。稀土金属离子其掺杂离子类别和浓度对于光纤激光器的运转起着很大地作用,掺杂的稀土元素有很多种,除了有一种掺杂的光纤外,还有双掺杂等其他一些掺杂形式的光纤。由于这些稀土金属离子具有从紫外到红外的荧光光谱范围,这就使光纤激光器的发射波长覆盖了更宽的波段。

表 4.1　掺杂光纤中稀土元素的光谱特征

掺杂元素	泵浦波长（nm）	辐射波长（μm）
铒 Er（Erbium）	980/1 480	1.5
钕 Nd（Neodymium）	810	1.06
镱 Yb（Ytterbium）	970	1.0
铥 Tm（Thulium）	800/1 200	1.9/0.48
钐 Sm（Samarium）	610	0.61
钬 Ho（Holmium）	640/890	3.9/1.2

英国南安普顿大学在 20 世纪 80 年代制造了掺铒(Er^{3+})离子光纤,这种光纤立刻受到了人们的关注。掺铒光纤激光器可以工作在从可见光到远红外的几个不同的波段上,其中 1.55 μm 波长区域因为是光纤通信用石英光纤的最低损耗窗口而备受瞩目。由于铒原子的弛豫时间比较长,可以把铒原子结构看成三能级的,如图 4.7(a)所示。铒原子在 980~1 480 nm 处有两根比较强的吸收线,所以选用这两个波段的光来泵浦掺铒光纤激光器,铒原子的吸收和发射谱如图 4.7(b)所示。掺铒光纤在 1.5 μm 附近有很宽的增益带宽,超过 50 nm。

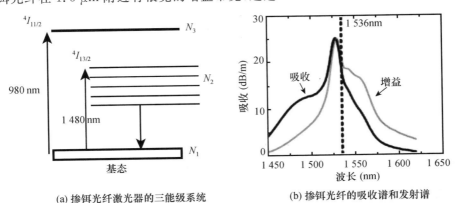

(a) 掺铒光纤激光器的三能级系统　　(b) 掺铒光纤的吸收谱和发射谱

图 4.7　掺铒光纤激光器的三能级系统以及相应的吸收谱和发射谱

掺铒光纤激光器的研究和应用开展的最为全面和充分,无论在光纤通信、光纤传感器还是激光精密测量等各领域都占据了主要的领导地位,本章节及后续实验章节所涉及的锁模光纤激光器都是基于掺铒光纤激光器的。

4.3.3 激光器常用光纤器件

由于激光的产生和承载介质由空间器件变成了光纤,与固体/气体激光器相比,要实现同等的功能,对于光纤激光器来说,就需要产生新的光纤功能器件。利用这些新的器件,人们可以实现全光纤结构的激光器,使得整个激光的产生和传播都在光纤中进行。这样不仅极大地简化了传统激光器所需的精密光路准直和耦合,使得激光器的制作变得极为容易;同时与外界隔绝的光波导结构也大大提高了整个激光器系统的可靠性,能够真正实现激光器的免维护。

最为常用的光纤激光器件包括光纤波分复用器(Wavelength Division Multiplexer,WDM)、光纤耦合器(Fiber Coupler,FC)、光纤隔离器(Fiber Isolator)、光纤光栅(Fiber Brag Grating,FBG)和光纤准直器(Fiber Collimator),其中光纤波分复用器为三端口光纤器件,取代固体激光器中的二相色镜,可以把来自不同光纤波长的泵浦光和新产生的激光合束到一根光纤传播,从而构成光纤谐振腔;光纤耦合器也可以是三端口或者四端口器件,可以取代固体激光器光路的输出镜,实现任意比例的激光输出;光纤隔离器是使得光路按照一个确定方向传播的器件,通常用于环形腔激光振荡器以及不同级激光放大器之间;光纤光栅简单来说相当于一个光路反射镜;光纤准直器可以实现光纤中光的空间输出使用。

从制作方法来说,光纤波分复用器和光纤耦合器是通过光纤熔融拉锥技术,把两根光纤搭在一起进行拉锥处理,使得其中两根光纤中的光可以实现相互耦合,拉直到特定的耦合长度和距离就能够实现所要得到的耦合输出比例;光纤隔离器、准直器的制作技术我们称为微光学技术,简单来说,是通过在光纤端面增加微小型透镜(比如 C lens、Grin lens、非球面等透镜)先实现光的准直输出,然后在中间增加各类型的光学元件,从而实现特定的光学功能。

具体器件的特性会在后续实验部分介绍。

4.4 超短脉冲光纤中的传播和测量

超短脉冲由于具有很宽的光谱范围以及很高的峰值功率,所以其在光纤的传播过程中,色散和非线性效应就起到非常重要的作用。超短脉冲与光纤作用可以产生非常多得奇特现象,比如超连续现象等,但是根本上都是色散和非线性之间相互作用的结果,也是该小节重点介绍的内容。

4.4.1　群延迟色散

假设角频率为 ω 的脉冲沿着 z 方向传播,用标量复平面波形式表示为:

$$E(z,t) = A(z,t)\exp\{i[\omega_0 t - k(\omega)z]\} \tag{4.2}$$

其中,$k(\omega)$ 是含有介质折射率的波矢,定义 $\varphi(\omega) = -k(\omega)z$,则电场可以写为:

$$E(z,t) = A(z,t)\exp\{i[\omega_0 t + \varphi(\omega)]\} \tag{4.3}$$

将 $\varphi(\omega)$ 展开成 Taylor 级数:

$$\varphi(\omega) = \varphi(\omega_0) + \dot{\varphi}|_{\omega_0}(\omega - \omega_0) + \frac{1}{2!}\ddot{\varphi}|_{\omega_0}(\omega - \omega_0)^2 + \frac{1}{3!}\dddot{\varphi}|_{\omega_0}(\omega - \omega_0)^3 \cdots \tag{4.4}$$

其中,$\dot{\varphi}(\omega)$、$\ddot{\varphi}(\omega)$ 和 $\dddot{\varphi}(\omega)$ 分别是 $\varphi(\omega)$ 对 ω 的一阶导数、二阶导数和三阶导数,分别被称为群延迟时间(Group Delay)、群延迟色散(Group Delay Dispersion,GDD)和三阶色散(Third Order Dispersion,TOD)。

4.4.2　傅里叶变换受限脉冲

傅里叶变换受限脉冲是一种理想的脉冲,若一个脉冲包络为 $A(z,t)$,它的强度 $I(z,t) \propto |E(z,t)|^2$ 的半高宽 τ_p,与它的傅里叶变换光谱的半高宽 $\Delta\nu = \Delta\omega/2\pi$ 的乘积(时间带宽积)必须大于一个常数 k,即:

$$\tau_p \Delta\nu \geqslant k \tag{4.5}$$

其中,不同脉冲波形的 k 值不同,对于高斯脉冲,$k = 2\ln2/\pi = 0.441$,而对于双曲正割波形脉冲,$k = 0.315$。这也就是说,相同的脉冲波形,光谱分布不一定相同,这取决于脉冲的相位因子 $\varphi(t)$,当相位因子 $\varphi(t)$ 是常数时,$\tau_p\Delta\nu$ 最小,我们称这样的脉冲为傅里叶变换受限脉冲。也就是说,对于同样的谱宽 $\Delta\nu$,当 $\varphi(\omega) = \text{const}$ 时傅里叶变换获得的脉冲最短。

4.4.3　非线性薛定谔方程

超快脉冲在光纤中的传播通常可以通过非线性薛定谔方程来描述,这个方程是光脉冲在非线性色散光纤中传输的基本方程,可由麦克斯韦方程组首先得到波动方程:

$$\nabla^2 E(r,t) - \frac{1}{c^2}\frac{\partial^2 E(r,t)}{\partial t^2} = \mu_0 \frac{\partial^2 P(r,t)}{\partial t^2} \tag{4.6}$$

其中,$E(r,t)$ 表示电场强度矢量,$P(r,t)$ 表示感应电极化强度矢量,c 为真空中的光速,μ_0 为真空中的磁导率。

利用微扰理论,考虑到非线性效应,可以推导出超短脉冲在光纤中传输的广义非线性薛定谔方程：

$$\frac{\partial A}{\partial z} = -\frac{\mathrm{i}}{2}\beta_2\frac{\partial^2 A}{\partial T^2} + \frac{1}{6}\beta_3\frac{\partial^3 A}{\partial T^3} + \mathrm{i}\gamma\,|A|^2 A - \frac{\alpha}{2}A \qquad (4.7)$$

忽略三阶及以上高阶色散的影响，广义非线性薛定谔方程可以表示为：

$$\frac{\partial A}{\partial z} = -\frac{\mathrm{i}}{2}\beta_2\frac{\partial^2 A}{\partial T^2} + \mathrm{i}\gamma\,|A|^2 A - \frac{\alpha}{2}A \qquad (4.8)$$

其中 A 表示脉冲包络，β_2 表示群速度色散，$\gamma = n_2\omega_0/c\,A_{\mathrm{eff}}$，$n_2$ 表示介质的非线性折射率，A_{eff} 表示有效光场模面积；α 表示光纤中的损耗。在 $\alpha = 0$ 的特殊情况下，式 (4.8)可称为非线性薛定谔方程(Nonlinear Schrodinger Equation，NLSE)，因为它与含有非线性势项的薛定谔方程类似。

4.4.4　非线性效应

光纤中的非线性效应起源于光与物质非线性相互作用，具体有很多种，包括克尔效应、受激非弹性散射过程(受激拉曼和布利渊效应)、参量过程(多光子过程)、自相位调制效应、高阶孤子效应和高阶色散效应等等。由于篇幅所限，这里介绍一下克尔效应和自相位调制效应。

克尔效应一般是指三阶非线性效应，是由介质的三阶极化率 $\chi^{(3)}$ 引起的，介质的折射率可表示为：

$$n = n_0 + n_2\,|E|^2/2 = n_0 + \gamma I \qquad (4.9)$$

其中，n_0 是线性折射率，E 为入射光场振幅，I 为入射光强，n_2 和 γ 分别为静电单位制和米-千克-秒单位制下的非线性折射率。

从式(4.9)可以看出，介质折射率的分布和入射光束的强度分布是一致的，会产生自聚焦或者是自散焦现象，自聚焦现象是指某些材料受强光照射时，介质折射率发生与光强相关的变化。当照射光束强度在横截面的分布是高斯形时(即钟形)，而且强度足够产生非线性效应的情况下，介质折射率的横向分布也是钟形的，因此材料如同聚透镜一样能会聚光束，这种效应可以持续下去，一直到光束达到一个细丝极限为止。

在大多数自聚焦实验条件下，入射光束的光强横向分布具有中间强而边缘弱的规律。在光束截面中心区所引起的折射率增加量大，而边缘区引起的折射率增加量小，从而使整个光学介质对入射光束而言呈现出正透镜或者会聚波导的效果，这就有可能引起自聚焦(Self-Focusing)现象。反之，在某些特殊情况下，介质折射率变化的非线性系数可能取负值，在同样的入射光强分布下，介质对入射光束而言将呈现出负透镜或发散波导的作用，从而可能引起强光自散焦(Self-Defocusing)效应。

自相位调制（Self-Phase Modulation,SPM）是克尔效应的时域类比,介质的折射率受入射光强的影响,频域上会导致光脉冲的频谱展宽。对于正的 n_2,在脉冲的前沿会产生新的低频成分,在脉冲后沿会产生新的高频成分,这些新的频率成分并不同步,但是仍然包含在原有的脉冲包络内。

若只有自相位调制作用,群速度色散为零时,脉冲传输可表示为:

$$\frac{\partial U}{\partial z} = \frac{\mathrm{i}\,\mathrm{e}^{-\alpha z}}{L_{\mathrm{NL}}} \, |U|^2 U \tag{4.10}$$

求解得到脉冲在光纤中传输距离 L 之后:

$$U(L,T) = U(0,T)\exp[\mathrm{i}\,\varphi_{\mathrm{NL}}(L,T)] \tag{4.11}$$

定义有效长度:

$$L_{\mathrm{eff}} = [1 - \exp(-\alpha L)]/\alpha \tag{4.12}$$

自相位调制引起的非线性相移为:

$$\varphi_{\mathrm{NL}}(L,T) = |U(0,T)|^2 \frac{L_{\mathrm{eff}}}{L_{\mathrm{NL}}} \tag{4.13}$$

可以看到,自相位调制与自聚焦有着时空对应的关系。自相位调制可以展宽光谱,获得新的频率成分,进而可以进行脉冲的压缩而获得更窄的脉冲。SPM可以使光谱展宽,同时也可以使光谱变窄,这与入射脉冲的啁啾有关系,对于一般无啁啾入射脉冲,SPM总是使光谱展宽。

4.5　超短脉冲的测量

超短脉冲由于脉冲非常短,在飞秒和皮秒量级,而普通的探测器的响应速度无法分辨在如此短时间内脉冲的变化,只能探测纳秒量级以内的脉冲,所以探测超快脉冲本身也就成了一项专门的科学和技术,因为只有真正能够测量到超快脉冲才能说明我们做出了超快激光。超快脉冲的测量技术有很多种,包括自相关法、频率分辨光学开关法（Frequency Resolved Optical Gating,FROG）以及其他的很多种方法,其中最为简单和应用最为广泛的是自相关法,就是先把入射光分为两束,让其中一束通过一个延迟线,然后再把两束光合并。通过一块倍频晶体,或双光子吸收/发光介质,改变延迟线可得到一系列信号,这个信号强度是延迟的函数,即为脉冲的自相关信号,自相关法分为强度自相关和相干条纹分辨自相关。

如图 4.8 所示,入射光被分束片分为强度相等的两束光,然后在分束片上合成。设两束光的场强分别为 $A_1(t)$ 和 $A_2(t)$,在同向共线条件下,相干叠加后的场强为:

$$I(\tau) = \int_{-\infty}^{\infty} [A_1(t-\tau) + A_2(t)]^2 \mathrm{d}t \tag{4.14}$$

但是,这样的光信号无法检测出来。我们让这个场强通过一块倍频晶体,而倍频信号的强度与基频光强的平方成正比,则有:

$$S_2(\tau) = \int_{-\infty}^{\infty} \{[A_1(t-\tau) + A_2(t)]^2\}^2 \, \mathrm{d}t \tag{4.15}$$

展开积分项,倍频自相关信号可以改写为:

$$S_2(\tau) = A(\tau) + \mathrm{Re}\{4B(\tau)\,\mathrm{e}^{\mathrm{i}\omega\tau}\} + \mathrm{Re}\{2C(\tau)\,\mathrm{e}^{\mathrm{i}2\omega\tau}\} \tag{4.16}$$

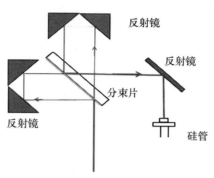

图 4.8　用自相关法测量脉宽原理图

其中,

$$A(\tau) = \int_{-\infty}^{\infty} \{A_1^4(t-\tau) + A_2^4(t) + 4A_1^2(t-\tau)A_2^2(t)\} \, \mathrm{d}t \tag{4.17}$$

$$B(\tau) = \int_{-\infty}^{\infty} \{A_1(t-\tau)A_1(t)[A_1^2(t-\tau)+A_2^2(t)]\mathrm{e}^{\mathrm{i}[\varphi_1(t-\tau)-\varphi_2(t)]}\} \, \mathrm{d}t \tag{4.18}$$

$$C(\tau) = \int_{-\infty}^{\infty} \{A_1^2(t-\tau)A_2^2(t)\,\mathrm{e}^{\mathrm{i}2[\varphi_1(t-\tau)-\varphi_2(t)]}\} \, \mathrm{d}t \tag{4.19}$$

若脉冲为双曲正割型,两束光的强度相等,并且相位为零,则有:

$$A_1^2(t) = A_2^2(t) = \mathrm{sech}^2(t) \tag{4.20}$$

$$\varphi_1(t) = \varphi_2(t) = 0 \tag{4.21}$$

我们可得到:

$$S_2(\tau) = 1 + 2A(\tau) + A(\tau)\cos 2\omega\tau + Q(\tau)\cos\omega\tau \tag{4.22}$$

$$A(\tau) = \frac{3[\tau\mathrm{ch}(\tau) - \mathrm{sh}(\tau)]}{\mathrm{sh}^3(\tau)} \tag{4.23}$$

$$Q(\tau) = \frac{3[\tau\mathrm{ch}(2\tau) - 2\tau]}{\mathrm{sh}^3(\tau)} \tag{4.24}$$

相干增强信号在延迟 $\tau = 0$ 时的最大值为:

$$S(0) = 16\int_{-\infty}^{\infty} A_0^4(t) \, \mathrm{d}t \tag{4.25}$$

即信号与背景之比为 8:1,这就是干涉条纹可分辨的自相关图像特征,与脉冲的形状无关,任何波形的自相关图形都是对称的,如图 4.9 所示。处于中心的必然是一个最大值,但是对于有啁啾的脉冲,相干自相关波形在靠近中心的两翼部分隆起,偏离 8∶1 的比例,但是极大值与远景背景的比例仍为 8∶1。有啁啾时,不能简单地从条纹分辨的相关图形推算脉冲宽度。

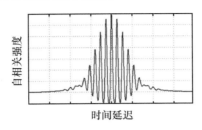

图 4.9　典型的脉冲自相关条纹图

4.6　锁模激光的基本工作原理

所谓锁模是指将腔内谐振的纵模相位锁定,而超短脉冲的产生则是锁相后各纵模干涉的结果。锁模的方法大体上可以分为两种:主动锁模和被动锁模,主动锁模是指利用声光或电光调制器周期性主动调制腔内损耗而得到时域上等间隔的脉冲序列,主动锁模输出的脉冲宽度受限于调制器的带宽而很难得到短脉冲;被动锁模是指通过可饱和吸收体,利用脉冲本身的强度变化来调制腔内损耗,最终达到锁模。可饱和吸收体的类型多种多样,但其实现的功能是相同的,即强光透射而弱光吸收。从腔内损耗的角度来看就是振荡腔对脉冲激光的损耗小而对连续激光的损耗大,再通过增益的反馈放大来加强这一效应,从而实现脉冲激光的产生和连续激光的抑制。本书中的锁模激光器所涉及的锁模机理都是基于非线性偏振旋转(Nonlinear Polarization Rotation,NPR)的,下面做具体的介绍。

由于光纤无法做到理想的各向同性,任何光纤都会有双折射效应,因此在光纤中传输时,光波的偏振会随传输而旋转。强场情况下由于非线性折射率,光纤的双折射效应会随光场强度的变化而变化,因此偏振旋转的角度也会因光强的不同而不同,这就是非线性偏振旋转,它使得光纤中脉冲光和连续光的偏振方向不一致,而我们可以利用这一点通过偏振控制器和检偏器来传输脉冲光而阻断连续光来形成所谓的可饱和吸收效应。

更为形象地说,在谐振腔中随机产生的小脉冲,随着在光纤中的传播,其脉冲高功率的峰值部分经历的非线性与低功率的拖尾部分不同,形成的偏振也不同,经过适当的波片进行偏振调节,在通过偏振选择器件(本实验中通常为偏振分束器,

PBS)的时候,脉冲的峰值部分获得的损耗小,而脉冲低功率的拖尾部分获得的损耗高,构成饱和吸收的机制,这样强度越高的部分在腔内会形成增益效果,强度低的部分形成损耗,经过多次循环,就可以形成超快脉冲输出。

被动锁模的输出脉冲没有调制器的限制,仅取决于可饱和吸收体的非线性响应以及脉冲整形,因此适用于超短脉冲的产生。而被动锁模也因为其优异的性能和简单的结构得到广泛应用,现在已成为锁模激光器的主流。

相比于其他的可饱和吸收介质,比如半导体可饱和吸收体(Semiconductor Saturable Absorber Mirror,SESAM)以及非线性光学环路镜(Nonlinear Optical Loop Mirror,NOLM),利用非线性偏振旋转锁模的光纤激光器可以产生脉宽更短的锁模脉冲。

在被动锁模激光器中,除了可饱和吸收体,增益带宽、损耗、滤波、色散和非线性效应等对于脉冲整形都起了重要作用,可饱和吸收体只是启动锁模,即产生脉冲,但要得到稳定锁模,所有这些效应的综合结果必须能够收敛。也就是说,要使振荡器有稳定的脉冲输出,脉冲在腔内环形一周后必须达到与之前相同的幅度和相位特性。从非线性动力学的角度来看,所谓锁模脉冲其实就是描述其振荡腔的主方程的非线性周期收敛的解。

我们可以利用金兹伯格朗道方程(Ginzburg-Landau Equation)来综合描述以上所有效应,首先需要假设腔内单次增益较小,即增益可以看成一个高斯滤波器(增益带宽)和线性增益的集合,其中增益部分和腔内损耗可以合并为一个量$g(z)$,腔内所有的滤波器也可以看作高斯滤波器乘以不同的带宽系数$1/\Omega(z)$。另外用近似处理,我们假设可饱和吸收方程可以在强度为0的点做泰勒展开并至保存一阶量乘以系数$\alpha(z)$,可以得到:

$$\frac{\partial A(t,z)}{\partial z} = g(z)A(t,z) + \left(\frac{1}{\Omega(z)} - \frac{i\beta_2(z)}{2}\right)\frac{\partial^2 A(t,z)}{\partial t^2}$$
$$+ (\alpha(z) + i\gamma(z))|A(t,z)|^2 A(t,z) \tag{4.26}$$

其中色散与非线性只保留了二阶项。虽然方程需要假设滤波器为严格高斯型,而且可饱和吸收体只响应了最低阶非线性效应,但它可以很好地描述所有相关效应的低阶过程。而事实上,现在已知的所有锁模激光器的一阶过程都可以用此方程来描述。对于此方程来说,所有满足$A(t,L_c)=A(t,0)e^{i\varphi}$($L_c$为腔长,$\varphi$为常数相位)的脉冲,都是一个稳定的锁模解。但方程的缺陷在于无法得到解析解,所以只能用数值法来逼近,而随之带来的时间代价会大大增加。要得到有效信息,必须进一步简化方程,我们假设脉冲的电场,除了线性的相位变化,不随传输长度z的改变而改变,由此方程可以进一步简化为:

$$0 = (g-i\varphi)A(t) + \left(\frac{1}{\Omega} - \frac{i\beta_2}{2}\right)\frac{\partial^2 A(t)}{\partial t^2} + (\alpha+i\gamma)|A(t)|^2 A(t) \tag{4.27}$$

这就是我们通常所说的主方程，主方程具有解析解：

$$A(t,z) = \sqrt{A}\,\mathrm{sech}\left(\frac{t}{\tau}\right)\mathrm{e}^{i\beta\ln\mathrm{sech}\left(\frac{t}{\tau}\right)+i\theta z} \tag{4.28}$$

显然这个解本身在金兹伯格朗道方程中并不稳定，需要外加其他的机制来使其收敛，例如增益饱和和高阶可饱和吸收效应。但它的意义不在于此，它的重要性在于可以用来描述大部分锁模系统的参数特性和作用，其中最重要的莫过于色散参数，腔内色散为负的脉冲接近傅里叶变换极限；腔内色散为正的脉冲带有很大的啁啾。我们由此还可以看出当腔内色散接近零的时候脉冲具有最宽的光谱，当腔内色散较大时可以产生能量较高的脉冲。

4.7　色散控制与锁模

锁模光纤激光器与固体激光器相比，由于其传输的介质是很长的基于石英玻璃的波导，所以整个激光器的色散对锁模系统工作的影响非常大，通常来说，不同的激光振荡腔的色散会产生不同的锁模特征，比如，不同的输出带宽、激光脉冲能量、脉冲宽度、平均功率及噪声特性等。前文已经提到，可以通过设计光纤的波导结构来控制和调节光纤的色散，理论上，我们可以获得从负到正的任意光纤二阶色散，这就允许我们进行激光器的不同的锁模机理的设计。

4.7.1　孤子锁模

孤子锁模通常发生在整个激光振荡器均工作在负色散的情况下，如果不考虑非线性薛定谔方程的损耗，则我们有：

$$\frac{\partial A}{\partial z} = -\frac{i\beta_2}{2}\frac{\partial^2 A}{\partial t^2} + i\gamma|A|^2 A \tag{4.29}$$

利用微扰理论，我们可以得出，在光纤反常色散区调制具有不稳定性，可以证明此时方程具有特殊的类脉冲解，这些解或者不随光纤长度变化，或者具有周期性演化，我们称这样的解为孤子解。

首先，我们引入三个无量纲变量：$U=A/\sqrt{P_0}$，$\xi=z/L_D$，$\tau=t/t_0$，可以得到：

$$i\frac{\partial U}{\partial \xi} = \mathrm{sgn}(\beta_2)\frac{1}{2}\frac{\partial^2 U}{\partial \tau^2} - N^2|U|^2 U \tag{4.30}$$

其中 P_0 是脉冲峰值功率，t_0 是入射脉冲宽度，参量 N 定义为：

$$N^2 = \frac{L_D}{L_{NL}} = \frac{\gamma P_0 t_0^2}{|\beta_2|} \tag{4.31}$$

然后，我们引入

$$u = NU = \sqrt{\gamma L_{\mathrm{D}}} A \tag{4.32}$$

消去上式中的 N，则方程可以变为：

$$i\frac{\partial u}{\partial \xi} + \frac{1}{2}\frac{\partial^2 u}{\partial \tau^2} + |u|^2 u = 0 \tag{4.33}$$

对于初始势 $u(0,\tau)$ 时反射系数变为零的这种特殊情况，

$$u(\xi,\tau) = -2\sum_{j=1}^{N} \lambda_j^* \, \Psi_2^* j \tag{4.34}$$

式中，

$$\lambda_j = \sqrt{c_j}\exp(i\,\zeta_j\tau + i\,\zeta_j^2\xi) \tag{4.35}$$

Ψ_{2j}^* 则需要通过下列一组线性代数方程获得：

$$\Psi_{1j} + \sum_{k=1}^{N}\frac{\lambda_j\lambda_k^*}{\xi_j - \xi_k^*}\Psi_{2k}^* = 0$$
$$\Psi_{2j} - \sum_{k=1}^{N}\frac{\lambda_j^*\lambda_k}{\xi_j^* - \xi_k}\Psi_{1k}^* = \lambda_j^* \tag{4.36}$$

孤子的阶数由极点数目 N 或本征值 $\zeta_j(j=1\sim N)$ 表征。对于 $(N=1)$ 的基阶孤子可以得到其一般形式：

$$u(\xi,\tau) = \eta\,\mathrm{sech}[\eta(\tau - \tau_s + \delta\xi)]\exp[i(\eta^2 - \delta^2)\xi/2 - i\delta\tau + i\varphi_s] \tag{4.37}$$

因此，总体来说，孤子传输是色散和 SPM 共同作用下脉冲传输的一个特殊的解。在某个光谱区域中，非线性效应和色散具有相反的符号，脉冲的传播具有与通常状态下完全不同的性质，而孤子脉冲的周期性演化图样恰好满足主方程的前提条件，即脉冲在腔内振荡的过程中，每次循环保持稳定的周期性重复，也就是说孤子传输，至少是主方程的一个解。事实上 Haus 所提出的主方程理论，正是以光纤中传播的光学孤子脉冲来模拟分立元件构成的固体锁模脉冲激光器，它是在光学孤子脉冲作为系统基本解的基础上，考虑分立微扰的作用，来解析锁模脉冲的特性的。在假定腔内只有自相位调制和负的群延迟色散的情况下，主方程的解为：

$$A(t,z) = \sqrt{A}\,\mathrm{sech}\left(\frac{t}{\tau}\right)e^{i\theta z} \tag{4.38}$$

可以看出它与上述基阶孤子的一般形式有相似的形式。由此我们可以进一步得出孤子脉冲各参数之间关系的简单表达式，我们称其为孤子的面积公式：

$$E\tau = \frac{2\,|\beta_2|}{\gamma} \tag{4.39}$$

其中 E 为脉冲能量，τ 为脉冲宽度，β_2 为光纤群速度色散，γ 为光纤的非线性系数。由此我们可以看出，色散与脉冲能量和脉冲宽度成正比。对于特定的光纤，一定的脉冲宽度所能承受的脉冲能量也是一定的，对于孤子锁模，振荡腔内滤波、增益、可饱和吸收等效应对其影响很小，因此我们无须主方程只需要非线性薛定谔方程就

可以对孤子演化精确建模。尽管孤子锁模简单而稳定,但由于在负色散介质中的孤子分裂效应,其能量被限制在 100 PJ 左右,当能量超过这个范围,就会产生多脉冲效应。

4.7.2　色散管理孤子锁模

由孤子面积公式可以看出孤子脉冲的能量与脉冲宽度成反比,这使得两者都受到较大限制。为了打破这一限制,人们发明了一种通过控制腔内色散配置的方式来实现高能宽谱脉冲输出,其基本思想是使高能脉冲在正色散光纤中展宽并放大,而在进入负色散光纤之前将大部分能量输出,大大降低腔内脉冲的能量,防止脉冲在负色散光纤中分裂,结果既能得到高能量脉冲的输出,又由于腔内净色散接近于 0 而得到光谱很宽的脉冲,与孤子锁模不同的是,这样输出的脉冲带有啁啾,需要进一步压缩。但即使如此,综合结果压缩后脉冲的峰值功率也远远高于孤子锁模。

Masatcshi Suzuki 等人于 1985 年第一次在色散符号周期性变化的光纤传输线上发现了这一孤子解。这种通过色散管理来得到所需脉冲参数的孤子解,就叫作色散管理孤子,而这一锁模方式就叫作色散管理孤子锁模。色散管理孤子由于其高能量和低噪声在光纤传输中取代纯粹孤子得到了广泛的应用,当色散管理孤子在色散管理介质中传输时,其脉冲宽度会周期性变化,我们将这种效应叫作呼吸效应。但是,每经过一个色散周期,色散管理孤子脉冲就会回到其初始的状态。因此,平均来看色散管理孤子与孤子的表象相似。

理论上来说,色散管理孤子仍然可以仅用非线性薛定谔方程来描述,但与孤子锁模不同的是色散管理孤子方程中的群速度色散系数 β_2 和非线性系数 γ 都变成了传输距离 z 的函数。这样方程即使在最简单的色散管理情况下也没有解析解,因此只能通过数值方法逼近,这给精确研究管理色散孤子带来了一定的困难。

4.7.3　耗散孤子锁模

任何一个稳定的锁模腔所必须满足的必要条件是脉冲演化的自洽性,即脉冲经过腔内各器件传输一周后仍然可以演化为与原来相同的线型,相位上与原脉冲相差一个常数时延,其时延的大小为脉冲在腔内传输的时间。注意,这只是必要非充分条件,满足此条件的脉冲并非都是锁模腔的稳定解,这就要求锁模腔具有脉冲整形的功能,从而保证脉冲可以满足上述条件。对于孤子锁模,不需要其他器件,色散与非线性就可以在孤子脉冲传输的同时对其整形,将脉冲不满足条件的部分耗散掉,保证孤子脉冲形状不变的在光纤中传输,孤子光谱中的边带部分即为耗散波的光谱。色散管理孤子锁模则主要依靠色散管理器件来展宽或压缩脉冲,起到脉冲整形的作用。

一般来说,色散管理孤子锁模的腔内脉冲能量,随着腔内净色散由负到零到正而逐渐增大。照此规律,如果不用负色散补偿器件,那么腔内正色散将达到最大,此时脉冲能量也将达到最大。但在全正色散的腔内,没有色散管理,孤子的传输呈耗散状态,无法自适应存在,因此需要额外的脉冲整形器件来保证脉冲满足演化的自洽性。2006 年,美国康奈尔大学的 Wise 研究组提出了所谓耗散孤子理论,他们认为耗散孤子也是一种孤子的类型,它是孤子在正色散光纤中传输所呈现的状态。此时脉冲带有很大啁啾,他们采用在腔内放置带通光滤波器的方式对高度啁啾的脉冲滤波并借此对脉冲整形,其过程与孤子的边带耗散比较类似,但不同于孤子一边传输一边耗散,他们通过滤波器将边带一次性滤除,只留下脉冲中心部分。由于脉冲的高度啁啾,因此通过光谱滤波即可以在频域也可以在时域对脉冲有效整形。由于在整个腔内没有负色散器件,因此耗散孤子锁模非常适用于高能量脉冲的产生。

在所有这些系统参量中,最为重要的三个参量为非线性相位、滤波带宽和群速度色散。它们主导着腔内脉冲的演化过程以及性质,对于耗散孤子,随着脉冲非线性相移积累的增加,光谱的呼吸比(脉冲在腔内最宽光谱带宽与最窄光谱带宽的比)一般介于 1~4 之间。而且非线性相移积累越大,输出脉冲啁啾越小,这表明积累的非线性相移可以抵消一部分腔内的群速度色散。腔内滤波带宽的缩小,所起到的作用与增加脉冲非线性相位积累类似,也会展宽脉冲的光谱,增加光谱的呼吸比。群速度色散的改变主要来自于腔内光纤长度的变化,减少色散也相当于增加非线性相位积累,可以展宽脉冲的光谱。可见,对于耗散孤子,所谓脉冲的演化,其实是脉冲非线性相位的演化。

4.8　激光器噪声构成

本书中锁模激光器的主要应用是光学频率梳以及利用其做各类精密测量实验工作。光学频率梳研究的核心问题就是噪声的控制,对于光梳系统,噪声来源总体来说可以被分为两类:腔内噪声和腔外噪声。腔内噪声包括环境中影响谐振腔长度和损耗的扰动,种子源的泵浦噪声以及腔内的放大自发辐射(Amplified Spontaneous Emission,ASE)所引起的噪声;腔外噪声则包括种子源输出脉冲在放大、扩谱、拍频等环节光程长度的扰动,低梳齿能量所引起的散粒噪声,超连续谱产生过程中的噪声等。这两类噪声对光梳系统的影响是截然不同的。

腔内噪声一般通过测量梳齿线宽或频率抖动来表征,对于同样的扰动,如果在腔外造成了白相位噪声,在腔内它将造成白频率噪声。一个最简单的例子,在腔外光程的变化将导致光梳模式电场的相位平移,但若是在腔内光程的变化则会导致光梳各梳齿的频率移动。另一个例子,在腔外放大器的 ASE 噪声将会带来相位噪底的升高,而在腔内的 ASE 噪声则会带来白频率噪声,即重复频率和光梳各梳齿频率的量子极限抖动。总体来说,腔内噪声会导致光梳梳齿宽度的增宽,而腔外噪声则会提高噪底而降低梳齿的信噪比。

其次,腔内噪声比腔外噪声更容易建模描述,腔内噪声可以用所谓的定点法来建模描述,但腔外噪声不行,因此,腔内噪声可以通过反馈信号来抑制,但腔外噪声不可以。对于腔内噪声我们认为其影响脉冲的方式是通过扰动所有阶次的能量、频率、到达时间以及载波相位,而不存在只影响脉冲串的某些脉冲或某些频率。这是建立在假设锁模激光器输出的一致性上,而也已经被实验证明是合理的。

假设各个噪声源之间无相互作用,因此我们可以将各噪声源的功率密度谱简单相加得到总体的频率噪声功率谱密度:

$$S_{noise}(\nu) = (S_{noise}^{length}(\nu) + S_{noise}^{loss}(\nu) + S_{noise}^{pump}(\nu) + S_{noise}^{ASE}(\nu))$$
$$+ (S_{noise}^{supercontinuum}(\nu) + S_{noise}^{shot}(\nu) + S_{noise}^{length,ex}(\nu)) \tag{4.40}$$

其中前四项:光程抖动$S_{noise}^{length}(\nu)$、损耗变化$S_{noise}^{loss}(\nu)$、泵浦噪声$S_{noise}^{pump}(\nu)$以及 ASE 量子噪声$S_{noise}^{ASE}(\nu)$为腔内噪声;后三项超连续产生过程的噪声$S_{noise}^{supercontinuum}(\nu)$、散粒噪声$S_{noise}^{shot}(\nu)$以及腔外光程的扰动$S_{noise}^{length,ex}(\nu)$为腔外噪声,其中超连续谱噪声和散粒噪声都会引起背景噪底的升高。

如图 4.10 所示,总体来说,环境噪声在频率噪声的低频部分起主导作用,在中频部分由泵浦噪声起主导作用,而在高频部分则是量子噪声占主导地位。超连续谱噪声和散粒噪声则主要影响噪底或更高频的噪声,它们之间的分界点取决于在光梳频域上的不同位置。例如在光梳两翼,环境噪声主导 500 Hz 以下的部分,泵浦噪声主导 0.5～50 kHz 部分,量子噪声则主导 50～500 kHz 的部分,超连续谱噪声和散粒噪声则主导 500 kHz 及其以上部分。在光梳的中间,环境噪声主导的区间高达 50～100 kHz,超连续谱噪声则主导频率更高的部分。

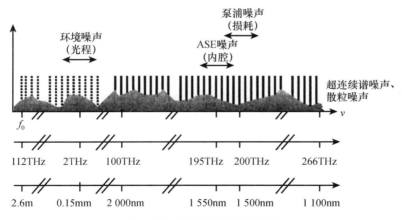

图 4.10　光梳噪声的频率分布

第五章　光纤飞秒光梳测定光学绝对频率技术

5.1　前言

　　光学绝对频率的精密测量是电磁频率测量中的一种,由于可见光频率指的是从 470～730 nm 波段的电磁振动频率,是目前用作铯原子钟跃迁频率 9 192 631 770 Hz 的 50 000 倍左右,被测频率远远高于一般电子仪器所能测量的频率,因此光学频率的精密测量一直是困扰人们的难题。科学家们经过几十年的努力,已经研制出不同波段的光学频率标准,并对它们做了精密的测量,然后通过光学频率链(Optical Frequency Chain)技术进行未知频率的测量标定。光频链技术耗费设备多,场地占用大,测量范围小且不连续,困难重重。2000 年前后,德国的 Ted Hansch 教授与美国的 J. Hall 博士,发明了钛宝石飞秒激光光梳,彻底解决了光学频率精密测量的技术困难,取得了划时代的进步,他们一起分享了 2005 年的诺贝尔物理奖。

5.2　光学频率链测量光学频率的方法

　　光学频率链的基本原理是将一个由铯原子频标锁定的 100 MHz 振荡器,借助锁相技术,逐级倍频综合到待测光频段,然后进行比对测量,中间过程用到了各类频率源,例如耿氏振荡器、背向振荡器以及远红外激光器等。如图 5.1 所示为德国联邦物理技术研究院(Physikalisch-Technische Bundesanstalt,PTB)于 1996 年测定 ^{40}Ca 的复合跃迁线(Inter-Combination Line)$^3 P_1 \rightarrow {}^1 S_0$,$\Delta m_j = 0$ 的跃迁频率 (455 986 240 494.15 kHz)的光频链示意图,该跃迁谱线的自然线宽只有 400 Hz,因此可以获得非常大的谱线 Q 值。

　　钙原子光频标不确定度为 $\sigma = 6 \times 10^{-13}$,是当年光频标中精确度最高的一种,现今最好的光频标,不确定度已经进入 10^{-19} 量级,因为我们的时间定义是基于铯原子基态超精细跃迁能级的,所以任何一个频标的标定,都得溯源到铯频标上。基于光学频率链的溯源标定方法,设备庞大,不便搬运和操作,只能标定一些孤立的频率,而借助于光学频率梳技术(以下简称光梳)可以轻松实现不同波段之间的频率传递,所以当光梳诞生之后,光学频率链技术很快就被淘汰。

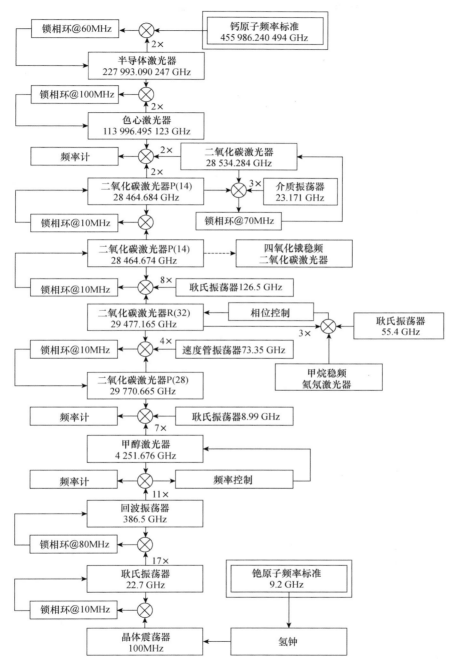

图 5.1　德国 PTB 测量 40Ca 原子$^3P_1 \rightarrow {}^1S_0$, $\Delta m_j = 0$ 的跃迁频率

(455 986 240 494.15 kHz)的光频链示意图

5.3 光学频率梳基本原理

从第四章锁模激光与飞秒光梳技术可知,锁模激光器能够产生锁模激光脉冲,在时域上,可以看成是由一系列"δ"函数的脉冲序列构成,经过傅里叶变换,在频域上仍然是一个"δ"函数脉冲序列。时域上的脉冲间隔 T 与频率上的频率间隔 f_r,满足关系 $T=c/L=1/f_r$,其中,L 为锁模谐振腔的腔长,f_r 我们称之为重复频率。

如图 5.2 所示,光纤飞秒光梳的基本原理,其中,横轴为时间坐标,纵轴为频率坐标。从频率角度看,时域脉冲可以看成是由频率等间隔的无数单模连续激光叠加而成(相位锁定情况下的叠加)。

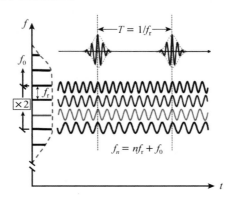

图 5.2 光纤飞秒光梳的基本原理

脉冲在谐振腔内传播过程中,由于不同频率的电磁波在介质中的色散不同,因此脉冲的群速(脉冲包络的速度 $v_g = c/(n+\omega dk/d\omega)$)与相速(脉冲载波的速度 $v_p = c/n$)不同,使得相邻的脉冲相位产生固定的相位差 $\Delta\varphi_{ceo}$,这个相位差导致在频率域上,光梳的第一根梳齿不在零频上,有一个偏移,我们称这个频率偏移为光梳的初始频率 f_0 或 $f_{ceo} = \Delta\varphi_{ceo}/2\pi T$。因此光梳的初始频率 f_0 与重复频率的关系为 $f_0 = f_{ceo} = f_r \Delta\varphi_{ceo}/2\pi$。对飞秒光梳脉冲在频域上展开,如图 5.3 所示,得到一系列等间隔的频率梳齿。

为了使得这些频率梳齿能够稳定地输出,需要将初始频率 f_0 与重复频率 f_r 进行频率锁定,由此使得各个梳齿频率稳定,每个梳齿的频率可以表示为 $f_n = nf_r + f_0$,其中 n 为整数($n \sim 10^5$,是一个很大的整数)。由此可见,初始频率 f_0 与重复频率 f_r 被锁定后,第 n 根梳齿频率 f_n 也被锁定。因此,第 n 根梳齿频率 f_n 的频

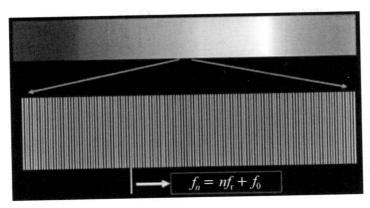

图 5.3　飞秒光梳脉冲在频域上展开为一系列等间隔的频率梳齿

率稳定度与准确度,决定于初始频率 f_0 与重复频率 f_r 的锁定参考频率,在实验中锁定初始频率 f_0 与重复频率 f_r 的参考频率为原子钟,因此,原子钟的频率稳定度与准确度决定了光梳每一根梳齿频率 f_n 的稳定度与准确度。

如图 5.4 所示, f_0 和 f_r 属于射频段,一般被锁定到铯钟或氢钟等微波钟上,而 f_n 属于光频段,这样就实现了微波段到光频段的双向连接,再不需要复杂的光频链技术来实现从微波到光波的频率传递。

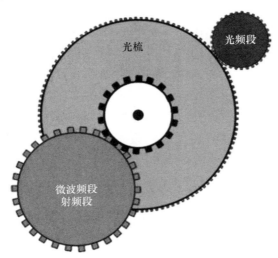

图 5.4　光梳作为"光学齿轮"的示意图

光梳具有很多卓越的光学特性,如:线宽窄、相干性好、光谱频率覆盖范围宽、光学频率输出可控等。光梳被发明后,得到了广泛应用,不但在精密测量、计量领

73

域不可或缺,而且在生命科学、精密制造、天文测量、国防应用等领域中也发挥着卓越的作用,如图 5.5 所示。

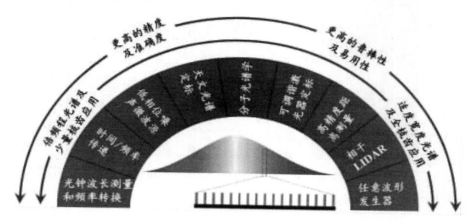

图 5.5　光梳的应用领域

5.4　光纤飞秒光梳

　　相比起刚开始的钛宝石飞秒光梳,光纤飞秒光梳有着明显的优势。第一是光纤飞秒光梳的长期稳定性远比钛宝石飞秒光梳好;第二是光纤飞秒光梳相比起钛宝石飞秒光梳系统更简单,更便于系统集成和小型化;第三是光纤光梳相比起钛宝石飞秒光梳成本更低,有很大的商业科研的价值。到目前为止,美国、德国、日本、中国台湾地区与大陆的研究小组先后自主搭建了光纤飞秒光梳系统获得了连续稳定运行的飞秒光梳。这几年基于光纤结构的光纤光梳激光器的发展突飞猛进,在激光精密测量、原子分子光谱、量子气体、激光光纤通信、原子钟、时间频率精密传递、天文测量等方面得到了广泛的应用。

　　整个光纤飞秒光梳系统如图 5.6 所示,它由四大部分组成:锁模激光器(又称主振)、脉冲放大器、脉冲扩谱、拍频检测。

　　如图 5.6 所示为光纤飞秒光梳的光学部分原理图,其中 5.6(a)描述了掺铒光纤飞秒光学频率梳系统的结构示意图,5.6(b)给出了从锁模激光产生飞秒脉冲 A 后,经放大器、扩谱等光学部件后的频谱变化。具体来说,在 A 点处输出锁模脉冲,A 点前的部分为锁模激光产生部分;从 A 到 C 之间是脉冲放大部分,主要指能量放大;C 到 E 是扩谱部分,实现脉冲压窄,频谱展宽到起码一个倍频程;E 到 APD 是拍频部分,主要利用 $f—2f$ 技术取出初始频率。

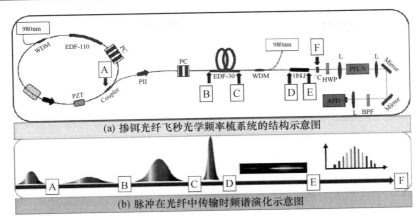

(a) 掺铒光纤飞秒光学频率梳系统的结构示意图

(b) 脉冲在光纤中传输时频谱演化示意图

图 5.6 光纤飞秒光梳光学部分原理图

(WDM：波分复用器；EDF：掺铒光纤；PC：偏振控制；Coupler：光纤耦合器；PZT：压电陶瓷；HNLF：高非线性光纤；HWP：半波片；L：透镜；Mirror：反射镜；BPF：滤光器；APD：雪崩二极管)

被动锁模光纤激光器结构如图 5.7 所示，掺 Er 光纤作为增益介质，偏振无关光隔离器(Isolator, ISO)迫使光按单一方向传播；一个 980nm/1 550nm 波分复用器(Wavelength Division Multiplex, WDM)将 980nm 的激光泵浦源接入环腔内；脉冲由两个四分之一波片(Quarter-Wave Plate, QWP)和一个二分之一波片(Half-Wave Plate, HWP)进行偏振控制，并通过准直器(Collimator)耦合进入光纤，以达到锁模状态；激光最后通过另一个波分复用器输出。

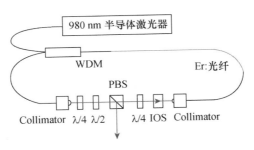

图 5.7 光纤飞秒激光主振荡器结构

激光器实现锁模的过程，振荡光通过起偏器(PBS)形成线偏振光，通过第一个四分之一波片后，转变成椭圆偏振光。在光纤中传输的椭圆偏振光可以被认为是两个相互垂直的独立偏振分量的合成，即两个相互垂直的线偏振光在光纤中独立传输。在传播过程中，两束线偏光会因为在光纤中产生的自相位调制和交叉相位调制效应而产生不同的非线性相移。此相移与光脉冲的强度有关，因此，当脉冲在

75

腔体光纤中传输时,光脉冲的不同部位会因强度的不同而积累不同的相移量,最后合成的偏振态相对进入光纤前的初始状态就会产生不同程度的偏振旋转,当它再通过偏振片时,脉冲的各部分由于偏振态不一样而产生不同的透过率,即实现偏振相关的自振幅调制效应,相当于一个快饱和吸收体,调节四分之一波片和半波片,选择脉冲中间能量最强部分透过偏振片,就能使脉冲得到窄化,从而实现锁模。如图 5.8 所示,为锁模脉冲的频域和时域图,其中频域看起来是连续频谱,其实还是一根根分立频率梳齿,只是重复频率太小,一般为 100 MHz 左右,在光谱仪上无法分辨,故只能看见一条频谱分布包络。

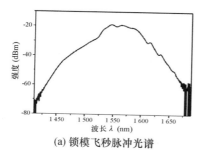
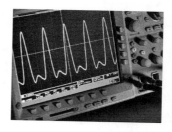

(a) 锁模飞秒脉冲光谱   (b) 时域锁模飞秒脉冲

图 5.8　锁模后的飞秒脉冲光谱图与时域图

5.4.1　初始频率与重复频率的锁定

得到飞秒锁模脉冲之后,接下来就是进行初始频率 f_0 和重复频率 f_r 的锁定。获得重复频率 f_r 比较简单,只要把飞秒脉冲打入高速光电管(雪崩二极管(Avalanche Photo Diode,APD)),就能得到 $f_r,2f_r,3f_r,\cdots nf_r$。这是因为飞秒脉冲虽然时域上看起来是非连续的,但是本质上是无数连续单频激光的叠加结果,这些单频激光就对应频域中的每一根梳齿 $f_n=nf_r+f_0$,这些单频连续激光之间的拍频就得到重复频率 f_r 及其各阶倍频 nf_r。

不过初始频率 f_0 的获得就比较困难,现在最常用的方法就是 f—$2f$ 法,即 $2f_n-f_{2n}=2(nf_r+f_0)-(2nf_r+f_0)=f_0$,即将第 n 根梳齿的倍频与第 $2n$ 根梳齿进行拍频,就能得到 f_0。考虑到飞秒脉冲在频率有一个光谱宽度,如图 5.8(a)所示,需要倍频之后的频谱分布与倍频前的频谱在频率轴上有一定的重合部分,才能拍出能够探测的 f_0 信号,即要求飞秒脉冲的宽度达到一个倍频程,当然,考虑到信噪比因素,还得要求各梳齿的能量尽量高,所以需要对脉冲进行放大、扩谱,放大是指能量放大,扩谱就是频谱展宽。飞秒脉冲经过放大扩谱之后,再经过倍频晶体后,打入

APD，因为存在倍频效率，所以进入 APD 的光既有倍频成分，也有原始频率成分，这样就能够通过拍频得到初始频率 f_0。

　　把 APD 的输出接到频谱仪上，就能直观地看到重复频率和初始频率，如图 5.9 所示，其中信噪比比较高的就是重复频率，而左边两根频率分别为 f_0 和 $f_r - f_0$，需要指出的是，这两个频率信号的所有行为均镜像，所以无法区分，不过只要锁定任一个，初始频率就实现了锁定，实验中，一般是低通滤波出前面那根频率进行锁定。

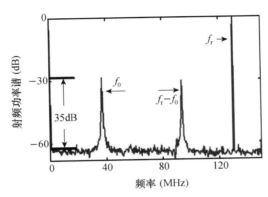

图 5.9　频谱仪上得到的初始频率和重复频率

　　当锁模飞秒脉冲的初始频率和重复频率均实现了锁定之后，这台锁模激光器就叫光纤飞秒光梳。

5.4.2　自相位调制

　　自相位调制（Self-phase Modulation，SPM）是光纤飞秒光梳中常见的一种技术，下面通过简单的物理图像介绍它的基本原理。如图 5.10 所示，一个具有高斯形状且相位恒定的超短脉冲，它的强度随时间 t 的变化按如下：

$$I(t) = I_0 \exp\left(-\frac{t^2}{\tau^2}\right) \tag{5.1}$$

这里 I_0 是峰值强度，τ 是脉冲的半值宽度，如果脉冲在介质中传播，其光学克尔效应产生的折射率与光强 I 的变化为：

$$n(I) = n_0 - n_2 \cdot I \tag{5.2}$$

这里 n_0 是线性折射率，n_2 是介质的二阶非线性折射率。

　　当脉冲在传播过程中，介质中的每一点都会经受到脉冲强度先增加后降低的过程，这将使介质各点的折射率随时间变化：

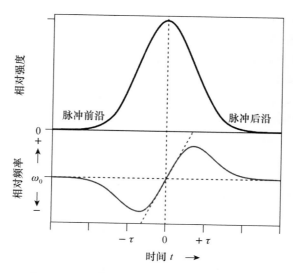

图 5.10 自相位调制飞秒脉冲以及频谱演化

$$\frac{\mathrm{d}n(I)}{\mathrm{d}t} = n_2 \frac{\mathrm{d}I}{\mathrm{d}t} = n_2 I_0 \frac{-2t}{\tau^2}\exp\left(\frac{-t^2}{\tau^2}\right) \tag{5.3}$$

这种折射率的变化,会使脉冲产生一个瞬态相移:

$$\varphi(t) = \omega_0 t - kx = \omega_0 t - \frac{2\pi}{\lambda_0} \cdot n(I)L \tag{5.4}$$

这里 ω_0 与 λ_0 分别是脉冲的载频频率与真空波长, L 是脉冲在介质中传播的长度。这种脉冲的瞬态相移将产生频移,由此对应的瞬态频率 $\omega(t)$ 为:

$$\omega(t) = \frac{\mathrm{d}\varphi(t)}{\mathrm{d}t} = \omega_0 - \frac{2\pi L}{\lambda_0}\frac{\mathrm{d}n(I)}{\mathrm{d}t} \tag{5.5}$$

从公式可得:

$$\omega(t) = -\omega_0 + \frac{4\pi L n_2 I_0}{\lambda_0 \tau^2} \cdot t \cdot \exp\left(\frac{t^2}{\tau^2}\right) \tag{5.6}$$

从上式可知,脉冲频率 $\omega(t)$ 的前沿将产生负频移(即红移),后沿将产生正频移(即蓝移)。每个脉冲的峰值不发生频移,对于脉冲的中心区域(在 $t = \pm\tau/2$ 之间),存有近似的线性频移(也称"啁啾"):

$$\omega(t) = \omega_0 + \alpha \cdot t \tag{5.7}$$

这里 α 为啁啾系数:

$$\alpha - \frac{\mathrm{d}\omega}{\mathrm{d}t}\Big|_n - \frac{4\pi L n_2 I_0}{\lambda_0 \tau^2} \tag{5.8}$$

可以清楚看到,SPM 使高斯脉冲的频率谱对称地向两面扩展,在时间域,脉冲轮廓是不发生变化的。

但是,在实际的介质中,色散效应会同时作用于脉冲。在正常色散区,脉冲的红移部分的速度比蓝移部分要快,这样,脉冲前沿跑得快,后沿跑得慢,在时域上脉冲就发生展宽。在反常色散区,正好相反,脉冲在时域上被压缩,这种技术产生超短脉冲压缩。

5.4.3　超连续光谱

超连续光谱(Supercontinuum)是光纤光梳获得初始频率的关键技术,它通过高非线性光纤,将注入脉冲的频谱扩展到倍频程的频谱,这种光谱也称超连续光谱,如图 5.11 所示。

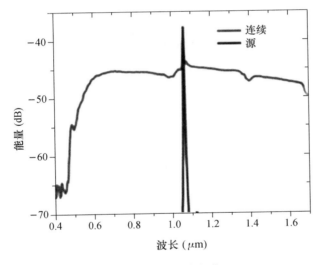

图 5.11　超连续光谱

利用高非线性光纤(如光子晶体光纤)获得超连续光谱,其基本过程可以用非线性薛定谔方程来描述:

$$\frac{\partial A}{\partial z} + \beta_1 \frac{\partial A}{\partial t} + \frac{\mathrm{i}\beta_2}{2}\frac{\partial^2 A}{\partial t^2} + \frac{\alpha}{2}A = \mathrm{i}\gamma(\omega_0)|A|^2 A \tag{5.9}$$

如图 5.12 所示,来描述获得超连续谱的基本原理。当中心波长 1540nm 的激光脉冲进入高非线性光纤后(其零色散波长为 1540nm 中心),在波长小于零色散点的低频区,由于自相位调制作用使频谱加宽,在波长高于零色散区的高频区,由于孤子分裂产生能量辐射,使得光谱范围加宽。

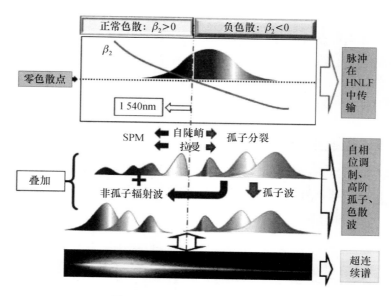

图 5.12　超连续光谱产生的原理

5.5　利用稳频飞秒激光器测量未知光学频率

如图 5.13 所示,光纤飞秒光梳测量碘分子 634 nm 波段 B-X 跃迁中 R(80)8-4a 超精细谱线的实验原理图,利用已知光学频率梳和未知激光拍频,则可以测得未知激光频率 f_x:

$$f_x = nf_r \pm f_0 \pm f_b \tag{5.10}$$

通过把半导体激光器稳频到待测跃迁谱线频率上,然后将光纤飞秒光梳和稳频激光器进行拍频,用频率计读取差频值,就可以计算出待测谱线跃迁频率。注意式(5.10),除了 n 需要确定外,f_0 和 f_b 前面的符号也需要确定,主要是因为我们用低通滤波器选出并通过频率计读取的频率不一定是 f_0 和 f_b,有可能是 $f_r - f_0$ 和 $f_n - f_b$。

首先判断 f_b 的正负号,我们稍微增大重复频率 f_r,观察频率计上 f_b 的变化,因为 f_x 和 f_0 基本没变,若 f_b 增大,则 f_b 前面必定是负号,否则为正号。

然后判断 f_0 的正负号。因为 f_0 与脉冲激光的泵浦电流有关,改变泵浦电流,用另一台频率计可以观察到 f_0 的变化,如果频率计上指示的 f_0 频率值在增大,而 f_b 在减小,那么 f_0 和 f_b 同符号,否则异号。

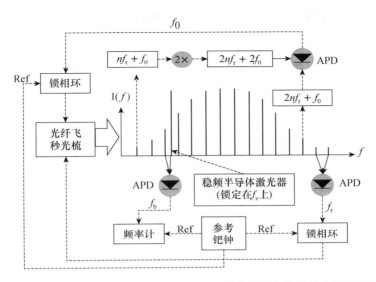

图 5.13　光纤飞秒光梳测量碘分子 634 nm 波段超精细谱线的实验原理图

最后确定参数 n，这个最简单，直接用高精度波长计测量稳频激光器输出激光的波长，换算成频率值，与重复频率 f_r 相除即可。因为重复频率一般为 10^8 Hz 量级，以一般光频 10^{14} Hz 来说，相对值为 10^{-6}，即参数 n 加 1 或减 1 都会带来 10^{-6} 的变化，所以，只要波长计的精度达到 6 位有效数字以上，就可以精确的确定参数 n 值的大小。

将测量 f_b 的频率计输出接到电脑上，通过软件采集频率计数据，如图 5.14 所示，然后利用 Stable32 软件计算阿伦方差，如图 5.15 所示。当然，为了测量更精

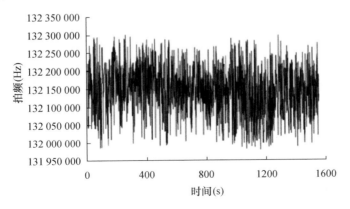

图 5.14　飞秒光梳与待测激光频率的拍频数据

确,排除随机的环境噪声扰动,可以多测几次,把每次的测量数据取平均作为一个测量值,得到如图 5.16 所示的测量结果。

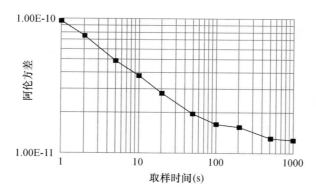

图 5.15 光纤飞秒光梳与待测稳频激光器拍频频率的阿仑方差

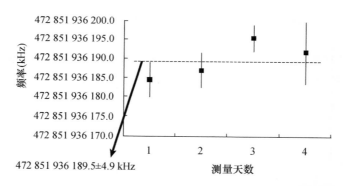

图 5.16 光纤飞秒光梳对碘分子 R(80)8－4a 超精细谱线的绝对频率值

经过四次绝对频率值的测量,如图 5.16 所示,计算出其复现性为 4.9 kHz,因此碘分子 R(80)8-4a 超精细谱线的绝对频率值为 472 851 936 189.5(4.9) kHz。

实　验　篇

实验一　外腔半导体激光器的组装

半导体激光器以其体积小、寿命长、使用简单方便等优点被越来越广泛地应用于各个领域。尤其是外腔半导体激光器,利用外腔不但可以将激光的线宽压窄1~2个量级,还可以将多纵模输出的半导体激光器变成单纵模输出;另外若用光栅作为反馈外腔时,旋转光栅还可以大范围连续调谐激光频率。正因为外腔半导体激光器有此优点,目前已成为光电子技术领域中的重要光源。

本实验将介绍外腔半导体激光器的组装,并测试其输出功率特性。

一、实验目的

(1) 学习半导体激光器电源(包括控温、控流等模块)的功能及使用方法;

(2) 了解外腔半导体激光器的基本结构及各主要元件的作用,学会光反馈的调节以及判断光反馈是否达到最佳;

(3) 学会测量外腔半导体激光的阈值电流;

(4) 了解闪耀光栅的性质,闪耀光栅作为激光谐振腔输出耦合的作用原理;

(5) 了解光栅外腔激光器的选模和调谐原理;

(6) 了解搭建光路的基本要求,学会光隔离部分的光路搭建;

(7) 学习使用高压放大器和F-P腔,用于观察激光器的输出纵模。

二、实验器材

(1) 光栅外腔半导体激光头(含半导体激光管、耦合透镜和光栅);

(2) 激光电源,光功率计,F-P扫描干涉仪,光电探测器;

(3) 光隔离器,反射镜,调节架,红外观察器。

三、基本原理

1. Littrow 外腔半导体激光器基本原理

如图 E1.1 所示为 Littrow 型外腔半导体激光器的基本结构。激光管输出的发散光经准直透镜准直为平行光后入射至光栅，经光栅衍射的 +1 级衍射光（如图 E1.2 所示）作为反馈光，原路返回至激光管参与模式竞争，0 级衍射光作为输出光以供使用。

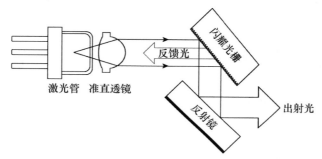

图 E1.1　Littrow 型外腔半导体激光器基本结构

此处使用的激光管，其前后表面分别镀有 30% 和 99.9% 的反射膜，前后表面的镀膜形成 F-P 腔结构，增益介质置于 F-P 腔内，此 F-P 腔称为内腔。由于光栅反馈的存在，激光管的后表面和光栅反馈处也形成一个腔的结构，称为外腔。这样的激光器就被称为 Littrow 型外腔半导体激光器，简称 Littrow 外腔激光器。

光栅的入射光和衍射光满足光栅方程，如图 E1.2 所示。

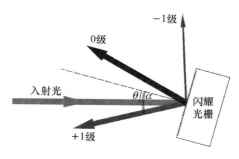

图 E1.2　光栅的衍射

当一束激光以某个角度入射到光栅上，由于光栅的衍射效应可以在不同的方向上得到 $0, \pm 1, \pm 2, \cdots$ 等多级衍射光，各衍射光的出射角由光栅方程决定：

$$d(\sin\theta + \sin\alpha_m) = m\lambda \tag{1}$$

其中，d 是光栅常数（$d = g^{-1}$，g 为光栅的刻槽密度）；θ 是入射角；α_m 是第 m 级衍射光的出射角；λ 是入射光的波长。

对于 Littrow 型结构，要求 $\theta = \alpha_{+1}$，即 +1 级衍射光沿入射光方向原路返回，此时光栅方程简化为 $2d\sin\theta = \lambda$，所以，在激光产生之初，激光管发出宽谱荧光以特定角度照射光栅，只有满足 Littrow 型光栅方程的特定波长的荧光才能反馈至激光管，才有可能被激光管内的增益介质放大而最终形成激光。通过微调光栅的角度（也就是入射角 θ）就可以改变输出激光的波长，此即光栅调谐的基本原理。

2. Littrow 外腔半导体激光器的构成

本实验所用 Littrow 外腔半导体激光器由激光头、激光电源以及连接电缆组成。

激光头包含半导体激光管、准直透镜、光栅等光学器件以及它们的固定与调节的机械结构，还有温度控制元件（半导体制冷硅）、光栅角度控制元件（压电陶瓷致动器）、保护电路、外壳等辅助部分。本节的实验内容就是调节激光头内的准直透镜和光栅，使得外腔结构满足 Littrow 条件。

激光电源包含电流控制、温度控制和参数显示等三个模块，电流控制和温度控制模块负责控制激光管工作的电流和温度，显示模块负责显示激光管的电流和温度。后面的实验用到的激光电源还会有 PZT 驱动模块以及稳频模块，其结构与操作会在实验二和实验四中分别介绍。

完整的外腔半导体激光器如图 E1.3 所示。

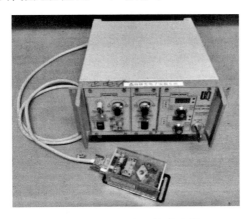

图 E1.3　外腔半导体激光器

3．激光头的基本结构、调谐原理、调节方法

3.1 基本结构

如图 E1.4 所示为外腔半导体激光头的俯视图。图中左边是电源以及各种控制线的接口,右边铜件部分是激光器的主体,由激光管组件、准直透镜组件、激光器底板和光栅组件四部分组成。

激光管组件　准直透镜组件　激光器底板　光栅组件

图 E1.4　激光头的基本结构

（1）激光器底板是个基座,其他几部分都装在这个基座上,并且基座被一个半导体热电制冷器(Thermoelectric Cooler,TEC)进行温度控制,以保证外腔腔长(激光管到光栅的距离)受外界环境温度的影响达到最小。激光器底板还与激光管组件紧密接触,间接对激光管进行温度控制,保证了激光管的温度精确受控。底板还提供了光栅在竖直方向上的角度调节,如图 E1.5 右侧箭头所示。

图 E1.5　Littrow 型外腔半导体激光器光栅调节示意图

（2）激光管组件用于固定激光管，并且与激光器底板紧密接触保证激光管的温度控制精确而稳定，控制精度达 1 mK。

（3）准直透镜组件用于安装固定准直透镜，紧贴着激光管组件，同时提供了准直透镜相对于激光管前后、上下和左右三个维度的调节，使得激光管发出的发散光能变为准直平行光。

（4）光栅组件用于安装光栅，并提供光栅在水平方向的转动调节。调节光栅在水平面内转动的执行元件有两个，一个是调节螺丝和一个压电陶瓷致动器，调节螺丝提供粗调，PZT 提供细调（本实验去掉了 PZT 调节）。组件中还设置有一个反射镜，与光栅平行且联动，它将光栅的 0 级衍射光（即出射光）反射至和入射光平行，则可以保证转动光栅至任意角度的时候，出射光的方向不变，仅仅是有一个微米量级的平移，基本不会影响激光器后面的光路。

普通的半导体激光管（Laser Diode，LD）的输出光呈发散状，通过光束轴线的不同截面上的发散角在 6°～40°之间，准直透镜可以把发散的光准直到近乎平行光以供使用。LD 在一般情况下它可以做到单横模输出，但是不易做到单纵模输出，也有工艺特别好的可以做到，但价格较高。LD 自由运转（无光栅外腔）时输出光的线宽很宽，十几到几十兆赫兹。这样的激光基本无法满足原子、分子光学领域的应用，比如冷原子物理、原子钟、磁力仪等。

3.2　调谐原理与方法

半导体激光器首先使用精密电流源给 LD 提供工作电流，精密电流源的电流控制精度能达到 1 μA 以内，对应激光频率的波动在 1 MHz 以内。同时通过精密的温度控制电路把 LD 的温度长期漂移控制在 5 mK 以内，对应激光频率的漂移约 100 MHz。这两部分的主要工作在电路设计方面，只要了解其功能即可，具体实现这里不予详述。

在外腔半导体激光器中，激光的单纵模输出、线宽压窄和大范围可调谐方面所使用的关键元件就是光栅。通过光栅形成外腔，由于 F-P 腔效应可以压窄线宽；通过光栅的反馈与选模可以使激光单纵模输出；通过调节光栅角度可以大范围调谐激光的输出频率。

由于光栅反馈的存在，激光管增益区后表面和光栅反馈面形成腔结构，称为外延腔，简称外腔。根据肖-汤（Shawlow-Townes）公式，外腔的腔长比激光管增益区长度（内腔）长 10 倍左右，因此外腔的腔模线宽会比内腔腔模线宽小 100 倍左右，由外腔反馈决定的激光模式将会有很窄的线宽，即实现了激光线宽的压窄。

由于外腔半导体激光器使用的是反射型光栅,所以入射光和反射光在光栅平面的同一侧。合理的选择光栅刻槽密度便可以使衍射光只出现 0、+1 级,并且+1 级衍射光沿入射光方向精确返回激光管,形成光反馈(满足 Littrow 条件)。由于光栅是色散元件,它沿激光入射方向的衍射谱谱宽很窄,约为 λ/N,其中 N 为激光照射到光栅上覆盖的刻槽数量。由激光增益介质的增益谱、光栅的衍射谱、激光管内腔腔模和光栅外延腔腔模,共同决定了最终出射激光的模式,如图 E1.6 所示。如果没有光栅衍射谱的存在,由于激光管增益介质谱非常宽,在小范围内接近平坦,激光器内腔模和外腔模将会在很多地方得到相同的放大而产生多模。正是由于光栅衍射谱将增益区限定在一个很小的范围(如图 E1.6 所示为～50 GHz),使得此增益范围内不同模式的增益有较大差异,通过模式竞争效应,最终只能胜出一个模式,即获得单纵模输出。

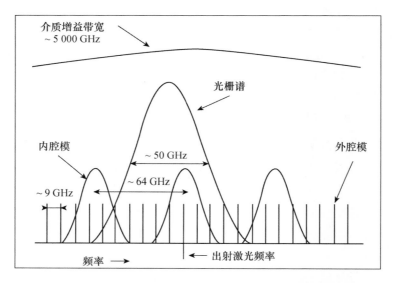

图 E1.6 光栅的色散、激光器内外腔模和增益介质增益谱的关系

反馈光的波长跟光栅相对于入射光的角度有关,只有特定波长的光才能满足反馈条件而精确反馈回激光管,在激光管内得到放大并通过模式竞争迫使其他模式的激光最终停振,从而得到单模输出,也正是由于这个原因可以通过调节光栅角度,实现较大范围内的频率调谐以及小范围内的连续调谐(调谐过程中不出现跳模现象)。

4．半导体激光器电源的结构与操作方法

如图 E1.7 所示为半导体激光器电源的操作面板(正面)和接口面板(背面)。

(a) 正面　　　　　　　　　　　　(b) 背面

图 E1.7　半导体激光器电源的操作面板

4.1　显示模块

如图 E1.8 所示为显示模块的面板,分上下两个显示区域。上区为温度显示区,下区为电流电压显示区。

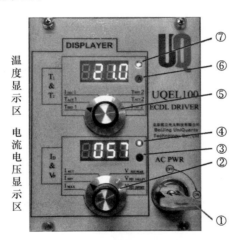

图 E1.8　显示模块的面板

(1) ①为整机电源开关。

(2) ②为电流电压显示区的显示参数选择开关。本区可以显示与激光管电流和光栅调节 PZT 相关的参数,记为 I_D 和 V_P,I_D 组包括 I_{MAX}、I_{SET} 和 I_{ACT},分别表示激光管电流的可调最大值、设置值和实际值,V_P 组包括 V_{PZT_OFFSET}、V_{PZT_VALLY} 和 V_{PZT_MAX},分别表示 PZT 上扫描电压的直流偏置电压、谷值电压和峰值电压,由于本实验中激光电源未涉及 PZT 控制模块,因此这一组显示空闲。

（3）③为 PZT 电压单位指示灯。当该灯亮起，该区显示数字的单位为伏特（V），由于本实验中没有 PZT 控制模块，所以该灯不会亮起。

（4）④为激光管电流单位指示灯。当该灯亮起，该区显示数字的单位为毫安（mA）。

（5）⑤为温度显示区显示参数选择开关。本区可以显示两组与温度控制相关的参数，记为 T_1 组和 T_2 组，T_1 组包括 T_{SET1}、T_{ACT1} 和 I_{TEC1}，T_2 组包括 T_{SET2}、T_{ACT2} 和 I_{TEC2}，分别表示第 1 组和第 2 组温度控制的设置温度（T_{SET}）、实际温度（T_{ACT}）和控制电流（I_{TEC}）。本实验只有激光管温度一个控制模块，因此只使用了第一组显示，第二组温度显示空闲。

（6）⑥为温度控制中 TEC 电流的单位指示灯。当该灯亮起，该区显示数字的单位为安培（A）。

（7）⑦为温度单位指示灯。当该灯亮起，该区显示数字的单位为摄氏度（℃）。

4.2 电流控制模块

如图 E1.9 所示为电流显示模块的面板。

图 E1.9 电流显示模块面板

（1）①为电流控制模块电源开关。

（2）②为电流控制模块激光管电流开关。此开关带锁，需要拨出后再拨动。

（3）③为电流细调旋钮。

（4）④为电流粗调旋钮。

（5）⑤为电流可调最大值设置。不同激光管的最大电流不同，超过了可能会烧毁激光管，因此根据所安装的激光管的参数来设定其可调最大值。

（6）⑥为前馈开关。普通 F-P 腔激光管用于光栅外腔激光器的时候,内腔模和外腔模会相互竞争,在调节内腔(激光管的电流和温度)和外腔(光栅的角度)的时候如果两个腔模的变化方向和变化速度不同,很容易发生跳模(出射激光从内腔模跳变到外腔模或者反之)现象。为了减少跳模现象,可以把外腔的变化以一定的比例放大或者缩小后叠加到内腔的变化上,使内外腔的变化近似同步,这种技术称为前馈(Feed Forward,FF)。

（7）⑦为前馈增益调节旋钮。

（8）⑧为调制信号输入接口。激光稳频过程中,常常会在激光管直流驱动电流上叠加正弦波调制,调制信号就从此接口输入,调制率通常为 1 mA/V。

（9）⑨为调制信号开关(实验四会用到)。

4.3　温度控制模块

如图 E1.10 所示为温度控制面板。

图 E1.10　温度控制模块面板

（1）①为温度控制模块电源开关。
（2）②为温度控制模块 TEC 电流开关。此开关带锁,需要先拨出再拨动。
（3）③为温度调节旋钮。

4.4　开、关机顺序

为保证激光器正常、安全的工作,需要按顺序开关机。

开机顺序(从右到左)：

（1）打开整机电源开关;
（2）电流显示选择开关旋至 I_{SET} 位置;根据需要执行此步骤;
（3）温度显示选择开关旋至 T_{SET} 位置;根据需要执行此步骤;

(4) 打开温度控制模块电源开关;

(5) 打开温度控制模块 TEC 电流开关;

(6) 设定激光管温度,根据需要执行此步骤;

(7) 打开电流控制模块电源开关;

(8) 打开电流控制模块激光管电流开关;

(9) 从 0 开始增大激光管电流至使用值。

关机顺序(从左到右):

(1) 降低激光管电流至 0;

(2) 关闭电流控制模块激光管电流开关;

(3) 关闭电流控制模块电源开关;

(4) 关闭温度控制模块 TEC 电流开关;

(5) 关闭温度控制模块电源开关;

(6) 关闭整机电源开关。

四、安全注意事项

激光管是一个非常昂贵的光电器件,而且特别容易受冲击电流而损坏,因此要特别注意开关激光电源的步骤。一定要注意在开关激光电流时,电流调节旋钮一定要调到最小的位置上,否则瞬间的大电流冲击会轻松烧坏激光管。为防止操作者身上的静电击毁激光管,还必须佩戴好静电手环,并将静电手环的夹子夹住实验室地线使其良好接地,然后用双手接触地线进行放电。静电手环的腕带处和夹子之间有 1 MΩ 的电阻,因此身上的静电是缓慢泄放至地线的,所以只是戴好静电手环并不能立即开始操作,必须再用双手直接触摸地线放电。为确保安全,尽量使用带静电手环的那只手去触拿激光头的零部件,而另一只手拿螺丝刀等辅助工具,这是因为双手之间也有很大的电阻而不能使未佩戴静电手环一侧的身体静电迅速泄放。

光栅是一个非常昂贵且"娇气"的光学元件,其表面有着每毫米 1 800 条的刻槽,槽宽与槽高都小于 1 μm,因此要非常小心不要让手或者其他任何物体碰触到光栅表面,任何的碰触只会使其表面接触区域永久损坏,一旦碰到了光栅平面出现手印或划痕,也不要尝试用任何方法去修补,这样只会造成损坏区域的扩大。如果发现光栅表面有灰尘,我们唯一能使用的方法就是用洗耳球或者专用光学表面吹洗罐放出的高压气体去将灰尘吹掉,如果吹不掉就姑且这么用下去,千万不能尝试其他任何方法去修复,如果光栅损伤导致激光器无法工作就只能更换光栅。

五、实验内容

本实验主要分三大环节：调准直，加外腔，测纵模。下面结合图 E1.11 说明实验步骤。

图 E1.11　外腔半导体激光头螺丝标号图

1. 前期准备

（1）检查激光头与激光电源之间是否连接完好；检查激光电源是否连接至 AC 220 V 电源插座上；检查实验所需工具及辅助设备是否齐全。

（2）拔起激光头的盖子紧挨着放在激光头旁边。

（3）旋下螺丝 10 号，拆下光栅组件并放在旁边的激光头盖子上；拆的时候用另一只手扶住光栅组件的金属铜部分，避免光栅表面碰到其他物体而损坏，也避免光栅组件突然掉落。

（4）旋下螺丝 6～9 号，拆下准直透镜组件。

（5）打开激光器电源总开关；打开温度控制模块的开关；待温度稳定后，打开电流模块的开关，增大激光器电流至 50～60 mA 左右；用荧光板贴近激光管观察应该有发散的激光输出。

2. 调准直

准直透镜组件是一块铜座中间固定了准直透镜，为了能够把激光管发出的发散光进行高质量的准直，需要从两个维度调节准直透镜：调焦距、调共轴。仔细观察准直透镜的位置，敞口是带螺纹的，实验工具盒里有专门的工具可以旋动透镜，实现调焦距，通过 1～5 号螺丝可以实现调共轴。

（1）安装准直透镜组件，微紧 6～9 号螺丝，粗调铜块座的位置，使得输出光斑尽量对称（目测，用荧光板看光斑）。

（微紧的目的是，铜块座不会因重力滑下去，同时调节 1～5 号螺丝时能够移动铜块座。）

（2）拧紧准直透镜组件上准直透镜的绿色塑料螺丝，左手用力旋转准直透镜，右手用荧光板远近看光斑，直到远近光斑一样大，调焦距完成。

（绿色塑料螺丝用以紧固准直透镜，如果先旋松它并调节好准直透镜再拧紧它，准直透镜会由于其螺纹的配合间隙而有少量移动，使得刚刚调好的焦距再次变动，所以要先拧紧它再调准直透镜。塑料螺丝的紧固力并不大，拧紧了也还是可以旋动准直透镜的。）

（3）把光斑打到光屏上，并用红外探测器观察光斑形状。

（红外探测器类似望远镜，需要调焦距，才能清晰地看到光斑形状。如果光斑对称性好，应该是中心亮点加水平和竖直两个方向上的拖尾，类似张开翅膀的海鸥。）

（4）调节 1～5 号螺丝，使得光斑的水平方向和竖直方向的两个翅膀尽量对称；同时远近移动光屏，需要光斑一样高，否则还得微调竖直方向的三个螺丝 3～5 号。

（1～2 号螺丝用以调节左右维度，3～5 号螺丝用以调节上下维度。如果左右维度没有调节合适，激光光斑的中心亮点会偏向左右的某一侧；如果上下维度没有调节合适，激光光斑的中心亮点会偏向上下的某一侧。适当降低激光器工作电流，调暗激光光斑用红外观察器看，激光光斑的中心亮点和拖尾的形状会更加清晰可辨。）

（5）此时若发现光斑远近尺寸不一样大，重复步骤（2）～（4），直至光束质量达到最佳，然后拧紧螺丝 6～9 号。

（6）测量此时激光管的阈值电流。调节激光管电流（I）从 20 mA 开始缓慢步进增加，并测其对应的输出激光功率（P），绘制 I-P 曲线，拟合得出阈值电流 I_{th}。

3. 加外腔

（1）光栅外腔也有两个维度需要调节，水平方向和竖直方向。稍微拧紧螺丝 10 号之后，通过手动转动光栅铜座，实现水平方向的调节（属于粗调）；旋转螺丝 11～13 号可以实现竖直方向的调节（属于细调）。

（2）安装光栅组件，微紧螺丝 10 号，保证光栅组件既能转动，又不晃。

（3）把光斑打到光屏上，左手大范围慢慢转动光栅，右手持红外探测器看光斑，在某一时刻，应该能看到一个小的次级光斑在主光斑旁边闪过，此时，左手仔细转动光栅，把次级光斑停在主光斑的竖直方向，注意：是正竖直方向，偏一点都会有影响。

（4）此时若次级光斑在主光斑正下方，那最好，若在正上方或者跟主光斑重合，就得调节螺丝 11～13 号，把次级光斑弄到主光斑正下方来。

（5）固定功率计，并探测激光器输出功率，调节激光器工作电流，使得输出功率为 500 μW 左右。

（6）用细的六角改锥左右旋动螺丝 11 号，观察功率计读数变化，朝功率变大的方向旋动螺丝 11 号，感受在反馈调进去的瞬间，功率瞬间大幅增加的闪耀过程，微调螺丝 11 号，把功率调到最大值，并作记录。

（7）测量此时激光管的阈值电流（加外腔后），重复"调准直"阶段的步骤（6）。

4. 测纵模

（1）如图 E1.12 所示，搭建 F-P 腔测激光纵模的光路。

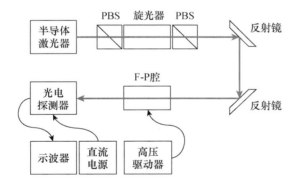

图 E1.12　F-P 腔测激光器纵模的光路示意图

（2）两个 PBS 加一个法拉第旋光器构成光隔离器，调节的方法是保证每个器件的透过功率达到最大，可以借助光功率计。

（3）先不放入 F-P 腔，把剩下光路搭好，并能从示波器上看到光电探测器的输出。注意后一个反射镜到光电探测器这段光路，一定要水平。通过手动遮挡激光，看有光无光两种情况下示波器上的读数，应该存在大的跳变。

（4）光电探测器有两个可调节的参量：增益和直流偏置。在无光情况下，通过调节直流偏置，把光电探测器的输出调为 0；在有光模式下，通过旋转增益挡位，把光电探测器的输出信号放大到几伏左右。

（5）放入 F-P 腔，并接上 F-P 腔的高压扫描信号，不断手动粗调 F-P 腔的位置，同时观测示波器上的信号（把示波器的纵轴挡位调低为 20 mV），直到某一瞬间，F-P 腔位置合适，从示波器上看到透射峰，即纵模信号，然后继续微调，直到纵模信号幅度达到最大。

（6）改变激光器工作电流，观察并做记录。

（7）实验完毕，按 4.4 介绍的步骤关闭激光器电源，关闭所有仪器，收拾归整所有工具，请实验老师检查。

六、思考题

（1）外腔半导体激光头有几部分组成，外腔半导体激光电源包括哪几部分？

（2）解释隔离器的工作原理。

（3）加外腔前后，激光器的阈值电流有何变化？尝试解释原因。

实验二　外腔半导体激光器特性测量

一、实验目的

(1) 继续熟悉认识半导体激光器电源的各模块及其功能；

(2) 理解外腔半导体激光器输出频率的连续调谐与跳模；

(3) 理解外腔半导体激光器输出频率的电调特性与温调特性；

(4) 了解 PZT 模块对外腔半导体激光器输出频率的调谐作用；

(5) 通过示波器观察激光的纵模，并感受半导体激光器模式竞争过程；

(6) 学习使用波长计，并测量激光器输出激光的波长。

二、实验器材

(1) 外腔半导体激光器，外腔半导体激光器驱动电源；

(2) 光隔离器，$\lambda/2$ 玻片，偏振分束棱镜 PBS；

(3) 法布里-珀罗扫描干涉仪(F-P 腔)，高压驱动器；

(4) 光电探测器，波长计，计算机。

三、基本原理

如图 E2.1 所示，半导体激光器采用 Littrow 结构外腔半导体激光器，光隔离器(Optical Isolator, ISO)是一种只允许光单向传播的光学器件。由于半导体激光器对光反馈特别敏感，光反馈容易引起半导体激光模式跳变、频率不稳定，因此，在激光器的输出端通常采用一个光隔离器 ISO 来阻止光反馈。半导体激光经过 $\lambda/2$ 玻片，再通过偏振分束棱镜 PBS 后被分为两束，其中一束用于波长测量，另外一束利用法布里-珀罗腔(F-P 腔)进行纵模测量，通过光电探测器和示波器，观察纵模信号。

外腔半导体激光器电源如图 E2.2 所示，具有噪声低、控温精度高、带外调制接口及外接输入接口等特点，包括超低噪声激光电流源模块、精密控温模块以及低噪

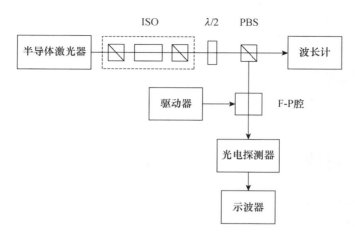

图 E2.1　外腔半导体激光器特性实验光路图

声 PZT 高压驱动模块,其中电流模块和温度模块的面板说明,详见实验一中的相关介绍,而 PZT 模块如图 E2.3 所示,用于外腔半导体激光器的压电陶瓷高压驱动。

图 E2.2　外腔半导体激光器及驱动电源

　　压电陶瓷是一种厚度可以伸缩的物质,由施加在陶瓷两端的电压大小决定。因此,利用压电陶瓷抵住光栅外腔,通过施加不同的电压(高压),就可以得到不同的外腔长度,实现外腔半导体激光器输出频率的调谐。PZT 模块内部产生一个三角波扫描信号,通过电缆输出给外腔半导体激光器,控制外腔的伸缩,实现激光器输出频率地来回扫描。本实验无须扫描激光器输出频率(扫描幅度为 0),但是可能会需要调节 PZT 当前的位置(扫描直流偏置),相关可能用到的面板开关或旋钮已经标出。

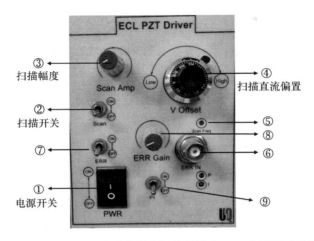

图 E2.3　外腔半导体激光器电源的低噪声 PZT 高压驱动模块

　　如图 E2.4 所示为光电探测器,它是一种基于硅光电管的量子探测器,基本原理是使其中的光电管吸收光子产生光电流,通过 IV 转换电路变成电压输出,输出电压大小正比于光电管接收的光强。该光电探测器能够用来测量微弱的光强,通过标定,可以极其准确地测出光的强度。光电探测器上的旋钮可以改变 IV 转换的增益,即输出信号的大小;光电探测器背后有一个电位器旋钮,可以调节输出信号的直流偏置。

图 E2.4　光电探测器

　　波长计用于测量激光的波长,激光通过光纤输入波长计(请注意保护光纤两端的连接处),波长计经过 USB 连接计算机,利用软件显示输入激光的波长及功率,如图 E2.5 所示。测量时将 USB 线连接到电脑与波长计上的 USB 接口；在前面板连接光纤输入信号；打开电脑，运行 Bristol 应用软件进行测量。

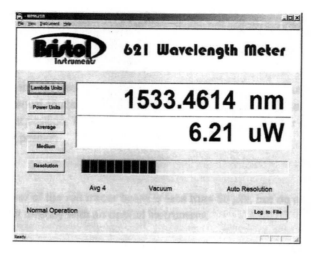

图 E2.5　波长测量

四、实验内容

本实验主要分三部分：测阈值电流；测温调特性曲线；测电调特性曲线。实验开始前，若没做过实验一，请仔细阅读实验一中 4.4 开、关机顺序。

1. 测阈值电流

（1）打开外腔半导体激光器电源的总开关，打开温度控制模块开关，调节到 20℃，待温度稳定，打开电流控制模块开关，逐步增大电流，到 60 mA。用荧光板应该能观察输出激光光斑（注意拨挡开关带锁，需要往外拔才能拨动，切勿使用蛮力）。

（2）按照光路图熟悉已经搭建好的光路，并观察波长计软件和连接光电探测器的相应示波器端口，应该有显示和输出信号。

（3）微调激光器工作电流，在示波器上观察纵模情况，感受单模状态和多模竞争情形。

（4）测量外腔半导体激光器的阈值电流，记录下当前激光管工作温度，从 20 mA 开始，逐渐增大激光管工作电流，记录电脑软件上显示的功率读数，绘制功率-电流曲线，通过拟合找出阈值电流。

2. 测量外腔半导体激光器频率的温调特性

每一个数据的记录,都是激光器工作在单模情况下,判断激光器是否单模情况的标准是示波器上的纵模只有一个强度,且电脑软件显示的波长读数稳定到小数点后四位,若不满足上述条件,就得微调 PZT 模块的直流偏置。

(1) 设定激光器工作电流为 40 mA 左右,微调电流至激光器工作于单模状态。

(2) 调节半导体激光器温度模块,设定温度为 20.0℃。

(3) 温度稳定在 20.0℃后(约 5 分钟),记录波长计显示的波长值。

(4) 调节设定温度升高 0.2℃,待波长计输出数值稳定后(约 5 分钟),即波长测量值的小数点后四位小数保持不变,并且示波器中波形不再沿时间轴移动,记录波长计度数。

(5) 重复(3)测量数据至 23.0℃。

(6) 绘制外腔半导体激光器频率的温调特性曲线。

3. 测量外腔半导体激光器频率的电调特性

每一个数据的记录,都是激光器工作在单模情况下,判断激光器是否单模的标准是示波器上的纵模只有一个强度,且电脑软件显示的波长读数稳定到小数点后四位。若不满足上述条件,就得微调 PZT 模块的直流偏置。

(1) 调节半导体激光器温度模块,设定在 20℃,待温度稳定,示波器上的纵模信号不再发生变化。

(2) 调节电流模块至阈值电流,记录波长计度数。

(3) 逐步增大电流,每 1 mA 记录一次波长计度数。

(4) 直至 $3I_{th}$。

(5) 绘制外腔半导体激光器频率的电调特性曲线。

(6) 实验完毕,按步骤关闭激光器电源,关闭所有仪器,收拾归整所有工具,请实验老师检查。

五、思考题

(1) 对外腔半导体激光器来说,有哪些频率调谐的方式?

(2) 本实验中的外腔半导体激光器的频率连续调谐量约为多少?

(3) 计算本实验中激光器的电调率(MHz/mA)和温调率(GHz/K),并与原理篇第一章的相关描述作比较,看是否在正常范围内?

实验三　饱和吸收光谱

一、实验目的

1. 掌握饱和吸收光谱的原理；
2. 理解光与原子相互作用过程中的吸收与辐射；
3. 通过饱和吸收谱线，建立对原子精细结构与超精细结构的直观认识；
4. 加深对原子能级量子化、能级分裂、能级跃迁及其选择定则等知识的理解；
5. 学习搭建饱和吸收光谱光路、锻炼动手能力、学会对准光路的方法。

二、实验器材

1. 外腔半导体激光器（含电源），光电探测器，示波器，直流稳压电源；
2. 隔离器，反射镜 2 个，$\lambda/2$ 玻片，PBS，厚玻璃片，半透半反镜，铷泡；
3. 荧光板，功率计，红外探测器；
4. 光学镜架若干，内六角螺丝若干，六角改锥。

三、饱和吸收谱基本原理

物质对光的吸收是普遍存在的，而且吸收的过程伴随着色散，日常生活中随处可见。光谱是指物质吸收光的频谱分布，它包含了丰富的原子内部结构的信息，所以研究物质的光谱，是人类认识原子分子，认识微观世界，认识宇宙万物的一种重要手段。激光作为一种优良的单色光源，极大地推动了光谱学的发展。

本实验以气室中的铷原子为例，通过搭建出饱和吸收光谱，帮助我们直观地认识铷原子内部能级的精细结构和超精细结构，加深对量子力学中关于能级量子化与分裂、跃迁选择定则等基本知识的理解。另外，饱和吸收谱结构简单、搭建容易、光谱分辨率高，是一种非常重要的光谱，其中最常见的应用就是用作激光稳频的参考源。

3.1 Bennett 洞与饱和增宽

把一束激光穿过原子样品,用光电管探测透射光强,扫描激光频率,就能得到该原子对激光的吸收,即吸收谱,谱线的每一个峰值或谷底都对应原子的一个能级跃迁频率,谱线的强度则反映了该能级跃迁的概率。很容易理解,原子对光子吸收能力的大小,正比于原子数目的多少,反过来说,假如原子样品内的粒子数一定,低光强时,原子利用率低,可以观察到光强越大,吸收谱就会越大,当光强达到一定程度后,吸收谱逐渐不再增大,称之为饱和。

事实上,若原子静止不动,只有当激光频率 ω_L 与原子的某一个能级跃迁频率 ω_0 相等(共振)时,原子才会吸收光子。考虑气泡中的铷原子,原子在光束方向上的速度分量符合麦克斯韦速度分布,由于多普勒效应的存在,原子感受到的激光频率 ω 与原子在光束方向上的速度 v 有关,即 $\omega = \omega_L(1-v/c)$(以激光传播方向为 z 轴正方向),所以当激光频率 ω_L 一定时,并非所有原子都能吸收光子,而是只有满足 $\omega = \omega_0$ 的特定速度群的原子,才会吸收光子,其他速度群的原子对光子表现为透明。

在二能级情况下,如图 E3.1(a)所示,原子开始处于基态 E_1,当共振发生时,原子吸收光子,跃迁至激发态 E_2,特定速度群的基态原子粒子数(布居数)决定了气室对激光的吸收强度。考虑原子基态布居数的速度分布,会发现在某个速度 $v = c(1 - \omega_0/\omega_L) = (\omega_L - \omega_0)/k$ 下,原子的基态布居数有个凹陷,如图 E3.1(b)所示,这叫作 Bennett 烧孔效应。

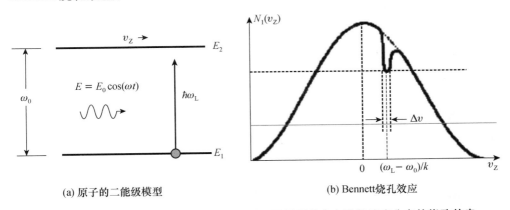

(a) 原子的二能级模型 　　　　　　(b) Bennett烧孔效应

图 E3.1　光与原子相互作用的二能级模型以及原子基态布居数速度分布的烧孔效应

在无外场激光作用下,原子基态布居数的速度分布呈现钟形,这取决于气体在一维方向上的速度分布律;当加入合适频率的激光时,某一个速度群的原子能够与激光发生共振吸收,从而原子在该速度群下的基态布居数降低,呈现 Bennett 孔;当外场激光光强增大时,Bennett 孔也逐渐加深加宽;当外场光强增大到一定程度时，Bennett 孔不再加深，达到饱和，此时，用另一束同频率同方向的激光照射原子，原子将表现为透明。

考虑到原子能级有一定的线宽 Γ，即意味着只要激光频率和原子近共振时，就会有吸收的发生，表现为 Bennett 孔上，就是呈现一定的速度宽度，如图 E3.1(b)所示。这种增宽就叫作饱和增宽。以频率为单位，计算表明，饱和增宽满足下式：

$$\Delta\omega = \Gamma\sqrt{1+S} \tag{1}$$

其中，$S=I/I_s$ 为饱和因子，I 为激光光强，I_s 为该能级跃迁的饱和光强，$\Delta\omega$ 为 Bennett 孔对应的频率线宽。

3.2 饱和吸收光谱

直接用光电探测器接收激光穿过铷泡之后的透射光强，并扫描激光频率，得到铷原子的吸收谱，称之为多普勒吸收谱。由于原子的麦克斯韦速度分布很宽，导致激光频率在很大范围内（几百 MHz）都能被相应速度群的原子所吸收，所以多普勒吸收谱的线宽远大于原子的自然线宽（一般几 MHz），对应的光谱增宽称之为多普勒增宽。为了得到接近自然线宽的光谱，我们采用如图 E3.2 所示的光路探测，得到的光谱称之为饱和吸收光谱。

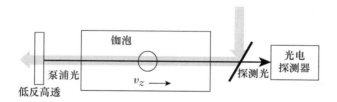

图 E3.2 饱和吸收光路示意图

激光分成两束在铷泡里对射，其中一束光强大，称之为泵浦光；另一束光强弱，称之为探测光。两束光空间上重合，所以作用的都是同样的原子，但是多普勒效应刚好相反，即原子感受到的两束光频率 $\omega = \omega_L(1\pm v/c) = \omega_L \pm kv$，所以大部分情况下，泵浦光和探测光分别被不同速度群的原子所吸收，光电探测器上接收的透射探测光信号较弱；但当 $\omega_L \approx \omega_0$ 时，泵浦光和探测光都跟零速度群的原子相互作用，由于泵浦光比较强，产生了 Bennett 烧孔效应，此时的原子对探测光表现出透明，探测光可以几乎无损的透过铷泡，光电探测器接收到较强的透射信号。若在 ω_0 附近扫描激光频率，就能得到一个透射峰，称之为饱和吸收峰。该吸收峰只源于特定速度群的原子，跟很宽的麦克斯韦速度分布无关，故饱和吸收谱不受多普勒增宽的影响，根据式(1)，只要探测光光强够弱，就有希望得到接近自然线宽的光谱。

简单来说,只有当泵浦光和探测光争抢同一速度群的原子时,由于泵浦光较强,耗尽了几乎所有原子,导致探测光的透射光强较大。当然,实际的铷原子并非只有二能级,而是有多个能级,那么当激光频率扫过每个跃迁能级时,都会产生一个饱和吸收谱,如图 E3.3 所示。

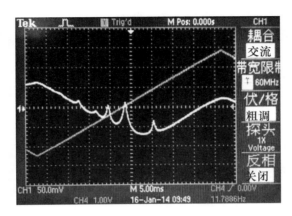

图 E3.3 铷原子部分饱和吸收光谱以及对应的激光频率扫描曲线

3.3 交叉饱和吸收峰

实验发现,不光在 $\omega_L \approx \omega_0$ 时,会发生泵浦光和探测光争抢原子,在多能级情况下,当 $\omega_L \approx 0.5(\omega_2 + \omega_3)$ 时,如图 E3.4 所示,也会出现争抢原子的情况,并得到对应的吸收峰,称之为交叉饱和吸收峰。当激光频率处在两个激发态能级正中间时,会存在两个速度群的原子,满足 $kv = \pm 0.5(\omega_3 - \omega_2)$,即原子可以吸收泵浦光,跃迁至 E_3 或 E_2,也可以吸收探测光,跃迁至 E_2 或 E_3,交叉的含义就源于此。由于涉及两个速度群的原子,所以交叉吸收峰一般比较强。

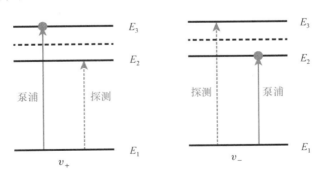

图 E3.4 共下能级交叉共振示意图

3.4 实验装置

如图 E3.5 所示为铷原子饱和吸收光谱实验的一种典型光路,其中,隔离器是防止光反馈进入激光器内部,影响激光器内部的振荡模式;半波片和偏振分光镜一起用作调节输出光的光强;高透低反镜用于产生反射的探测光和透射的泵浦光;光电探测器用于接收探测光经过铷泡之后的透射光强,并通过示波器显示;半导体激光频率的扫描通过三角波扫描 PZT 实现。

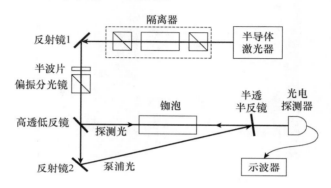

图 E3.5　铷原子饱和吸收光谱的实验光路

四、实验内容

本实验主要分两大步骤:搭建光路;调谐出谱。

1. 搭建光路

(1) 打开半导体激光器电源,按顺序开启控温和控流,把电流加至 50 mA 左右,用荧光板观测到出光即可。

(2) 放置隔离器,仔细调节位置,使得光强透过率达到 80% 以上,然后拧紧螺丝。

(3) 放置反射镜 1 并调节,使得出射激光尽可能平直,然后拧紧螺丝。

(4) 放置半波片和偏振分光镜并调节,使得光束尽量从镜片中间透过,然后拧紧螺丝。

(5) 放置高透低反镜(实验中是块厚玻璃)并调节,使得反射光束和透射光束尽量平直,然后拧紧螺丝。

(6) 放置反射镜 2 和半透半反镜,仔细调节两镜的位置角度,使得泵浦光和探测光在铷泡空间位置重合,然后拧紧螺丝。

（注意高透低反镜的反射光斑有两个,选择其中一个作为探测光,然后与反射回来的泵浦光调重合。）

（7）放置光电探测器,并调节位置,接收探测光,注意屏蔽多余的无用光斑,然后拧紧螺丝。

（8）放置铷泡,让探测光和泵浦光有效穿过,然后拧紧螺丝。

2.调谐出谱

（1）连接光电探测器的输出至示波器(直流耦合),打开给光电探测器供电的直流电源($\pm 12 \sim \pm 15V$),如果探测器工作正常,通过手动遮挡探测光,应该能观测到示波器上的信号变化,然后把示波器监测端口改为交流耦合。

（2）开启激光器 PZT 模块电源,打开扫描开关,加大扫描幅度。

（注意回顾实验二中对 PZT 模块面板的介绍。）

（3）右手持红外探测器,调好焦距观察铷泡,左手调节激光器工作电流,从 50 mA 逐渐加大(注意不要超过 100 mA)。

（4）当从红外探测器里看到铷泡内一闪一闪的荧光亮线(自发辐射荧光)时,停止调节激光工作电流,此时应该能从示波器上观察到一些不明显的饱和吸收谱峰。

（5）逐渐降低 PZT 电压的扫描幅度,同时调节 PZT 直流偏置实现谱线向屏幕中间移动,若谱峰因跳模消失了,则调节激光器工作电流,使谱线重新出现,如此往复,把饱和吸收谱调节到示波器中间,并完整的展示细节,并作记录,如图 E3.3 所示。

（可以适当调节光电探测器放大挡位,不要试图通过调节示波器的竖直触发设置,把谱线调到屏幕中间,PZT 扫描范围对应谱线的伸缩,PZT 直流偏置对应谱线的横移,激光器工作电流对应谱线的跳模。）

（6）逐渐加大 PZT 扫描范围,不能出现跳模,观察最大能同时扫描出多少套谱,并作记录,完整的 780 nm 铷原子饱和吸收谱如图 E3.6 所示,共四套谱。

（7）重复步骤(5)再次把第一套谱展开并调节到屏幕中间,对照如图 E3.7 所示的铷原子能级图,试着识别出每个谱峰对应的能级跃迁。

（8）结合饱和吸收谱和对应的能级跃迁图,想办法测出信噪比最大的那个谱峰的半高全宽。

（9）参考思考题,做一些相关测试。

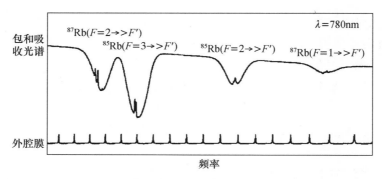

图 E3.6　铷原子 D2 线完整的饱和吸收光谱

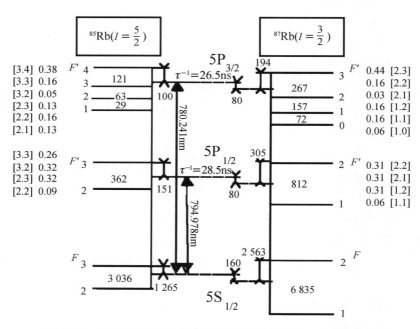

图 E3.7　铷原子的相关能级图与低激发态的超精细结构和跃迁

（10）实验完毕，按步骤关闭激光器电源，关闭所有仪器，收拾归整所有工具，请实验老师检查。

五、思考题

1. 实验中，获得饱和吸收谱之后，若在反射镜 2 和半透半反镜之间挡住泵浦光，那么在示波器上会看到什么？

2. 实验中得到的饱和吸收谱是带多普勒本底的,试着改进图 E3.5 所示的光路结构,消除多普勒本底。

3. 解释实验中观察到的第一套谱为什么有六个峰? 试解释第二套谱没有观察到明显六个峰的可能原因。

4. 试分析 795 nm 的铷原子饱和吸收谱,每套谱应该会有几个峰?

实验四 激光稳频

一、实验目的

（1）掌握激光稳频的基本原理；

（2）掌握提取一阶微分信号的方法；

（3）学会搭建用于激光稳频的光学系统和电学系统，并得到误差信号；

（4）理解简单控制论中负反馈的基本原理，理解 PI 反馈的作用。

二、实验器材

（1）外腔半导体激光器及其稳频电源；

（2）饱和吸收光路，光电探测器，示波器等；

（3）荧光板，红外探测器。

三、激光稳频的基本原理

1. 稳频的基本思路

激光稳频的本质就是以原子、分子的高稳定跃迁谱线作为参考频率，通过电学方法得到激光频率相对参考频率之间的偏移，然后利用负反馈的原理把激光频率调谐到跟参考频率一致，实现激光频率的锁定。这里一共三个步骤，首先是扫描待稳频激光频率，得到目标参考频率的光谱；然后通过调制解调的方式，得到该光谱的一次微分信号；最后把该一次微分信号经过一定的比例积分处理，反馈给激光器的频率调谐参量，实现激光稳频。

本实验以铷原子的饱和吸收谱为稳频参考谱线，如图 E4.1 所示，图中每个饱和吸收谱峰的顶点都对应一个跃迁频率或者交叉频率，这些频率对外界环境的变化不敏感，属于理想的激光稳频参考频率，以其中任一谱峰为例，假如我们有办法得知当前激光频率相对谱峰顶点偏左,那么我们就可以适当调大激光频率,反之同理。容易想到,谱线的斜率基本反映了上述诉求,即谱线左边的斜率大于 0,顶点处的斜率等于 0,右侧处的斜率小于 0,这样根据谱线斜率的大小及符号,就能判断当前激光频率相对谱峰顶点处的偏离程度与方向。

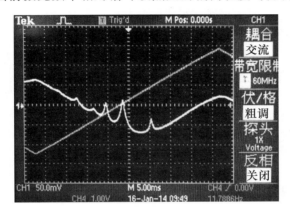

图 E4.1　铷原子部分饱和吸收谱

2. 误差信号的提取

需要指出的是,我们在示波器上所看见的饱和吸收谱,都是通过扫描激光频率得到的,而在实际稳频过程中,激光频率不再扫描,即可能停留在谱线的任一个地方,处于自由运转模式,此时该如何得到谱线的斜率信息。

对于任一单个饱和吸收峰来说,谱线线型可以写作 $G(\omega)$,其中 ω 为激光频率,谱线的顶点 $G(\omega_0)$ 就对应激光稳频的参考频率。我们给激光频率加上个小调制 $\delta\omega$,即调制信号,然后对谱线进行泰勒展开:

$$G(\omega + \delta\omega) = G(\omega) + G^{(1)}(\omega)\delta\omega + \frac{1}{2!}G^{(2)}(\omega)(\delta\omega)^2 + \cdots \tag{1}$$

可以看出,$G(\omega)$ 的斜率即一次微分信号,就包含在上式中。实验中,我们取调制信号 $\delta\omega = A\sin\Omega t$,$A \leqslant \Gamma$,$\Gamma$ 为谱线对应能级的自然线宽,然后给 $G(\omega)$ 乘以 $B\sin\Omega t$,即与调制信号同频同相,称之为参考信号(注意与稳频的参考频率区分),化简后得到下式:

$$G(\omega + \delta\omega)B\sin\Omega t = \frac{1}{2}ABG^{(1)}(\omega) - \frac{1}{2}ABG^{(1)}(\omega)\cos 2\Omega t$$

$$+ G(\omega)B\sin\Omega t + \frac{1}{2!}G^{(2)}(\omega)(\delta\omega)^2 B\sin\Omega t + \cdots \tag{2}$$

这个过程也称之为鉴相。上式中,Ω 为调制频率,一般为几千赫兹到几十千赫兹,

所以 $\sin\Omega t$、$\cos\Omega t$ 及其谐波均为交流信号,而 ω 为激光频率,激光频率处于随机波动状态,一般我们比较关心 ω 的低频漂移,约 100 Hz 到 10 Hz 以内,这样式(2)中,$G^{(1)}(\omega)$ 属于低频项,其他所有项都属于高频项,设计一个合适的低通滤波器,可以轻松把 $G^{(1)}(\omega)$ 提取出来。通常情况下,低通滤波器的截止频率设定为调制频率的百分之一,而这个截止频率也就决定了稳频环路的带宽,即只有低于截止频率的激光频率波动才可以被抑制。

得到的一次微分信号 $G^{(1)}(\omega)$,我们通常称之为误差信号。误差信号非零时,意味着激光频率相对谱峰顶点处有偏离,误差信号绝对值越大,表示偏离越大,误差信号的正负符号指示了偏离方向,这也就意味着,误差信号本身就相当于用于反馈的纠偏信号,顶多差一个比例系数。纠偏信号作用于激光频率的某些调谐参量,比如 PZT、工作电流等,使得激光频率不断向谱峰顶点处靠近,同时误差信号不断减小,直到达到平衡。

3. PI 反馈的作用

假如一开始激光频率刚好处在谱峰顶点 ω_0 处,那么此时误差信号应为 0,然后有一个外界的扰动,使得激光频率偏离谱峰顶点,偏离 $\Delta\omega$,这时我们得到误差信号 V_{err},当偏离 $\Delta\omega$ 比较小时,近似有 $V_{err} \cong k_1\Delta\omega$,其中 k_1 是误差信号相对频率偏差的比例系数,而误差信号乘以一定的比例增益 P 就是纠偏信号 V_{fb},即 $V_{fb} = PV_{err}$,对应频率纠偏量为 $\omega_{fb} = k_2 V_{fb} = k_2 P V_{err}$,其中 k_2 是频率纠偏量相对纠偏电压的比例系数,当环路闭环时,频率偏离减小,误差信号也降低,达到平衡时,剩余偏离记作 $\Delta\omega_{res}$,有:

$$k_2 P \cdot k_1 \Delta\omega_{res} = \omega_{fb} = \Delta\omega - \Delta\omega_{res} \tag{3}$$

从而得到:

$$\Delta\omega_{res} = \Delta\omega/(1 + k_1 k_2 P) \tag{4}$$

其中,k_1、k_2 都是固定的比例系数,只有误差信号转变成纠偏信号的比例增益 P 是可变的,根据式(4)可以看出,若 $k_1 k_2 P < 0$,则系统发散,处于正反馈状态,最终形成振荡,只有当 $k_1 k_2 P > 0$ 时,系统才有可能收敛,形成负反馈,趋于稳定。值得注意的是,剩余频率偏差 $\Delta\omega_{res}$ 不会为 0,除非 P 为无穷大,即相当于反馈增益无穷大,但这是不可能的,因为当 P 增大到一定程度时,环路带宽之外的高频部分就会逐渐变成正反馈(需要考虑环路延迟),形成振荡,所以 P 有个最大临界值。

为了消除这个剩余偏差 $\Delta\omega_{res}$,单纯有比例增益 P 是不够的,还需要引入积分增益 I,此时式(4)就可稍微改写下:

$$\Delta\omega_{res} = \Delta\omega/[1 + k_1 k_2 (P + I)] \tag{5}$$

从频域角度来分析,$\Delta\omega_{res}$ 作为剩差,可以认为是直流信号,而积分增益 I 对直流的增益就是无穷大,这样就完美消除了频率剩差,实现 $\Delta\omega_{res} = 0$。

4.稳频系统框图

如图 E4.2 所示为半导体激光器稳频系统框图。半导体激光器电源由四部分构成:温度模块、电流模块、PZT 模块、稳频模块。其中,调制信号由稳频模块内部信号源电路产生,并通过外部连线,接到电流模块,通过调制激光器工作电流,实现激光频率调制。利用待稳频激光器搭建饱和吸收谱光路,并把得到的光谱信号连接到稳频模块信号输入端。在稳频模块中,带通放大电路把光谱中泰勒展开的一阶项 $G^{(1)}(\omega)A\sin\Omega t$ 选出来,而其他阶项的信号均被滤除,然后放大一阶项信号,输入到乘法器里与参考信号相乘,乘法器的输出经过低通滤波器滤除高频之后,就得到低频的 $G^{(1)}(\omega)$ 信号,即误差信号;通过外部连线,把误差信号接入 PZT 模块,通过比例积分电路处理之后,反馈给 PZT 的调节电压,实现稳频环路的闭环。

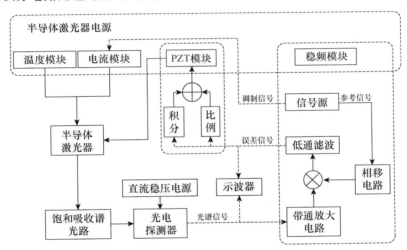

图 E4.2　半导体激光器稳频系统框图

5.稳频电路面板介绍

如图 E4.3 所示,比例积分电路(PI 电路)集成在 PZT 模块里,信号源与鉴相相关电路集成在稳频模块里。

PZT 模块的具体面板细节,如图 E4.4 所示,有扫描幅度、扫描开关、扫描直流偏置、扫描频率等部分,控制激光频率的三角波扫描参数,当稳频环路开始闭环时,扫描幅度旋钮得左旋到头,即扫描幅度为 0。误差信号输入开关、误差信号输入端口、比例增益 P、积分增益开关 I,控制反馈参量,实验过程中,误差信号输入开关可以处于常开状态,积分增益开关 I 应该处于常闭状态,当误差信号接入端口之后,

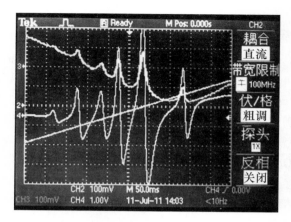

图 E4.3　实验观察到的饱和吸收谱及其一次微分信号

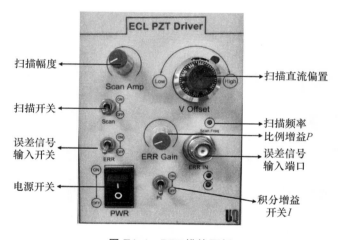

图 E4.4　PZT 模块面板

通过比例增益 P 旋钮控制开环、闭环,即 P 旋钮左旋到头时,表示开环状态,稍稍右旋 P 旋钮,环路进入弱闭环反馈状态,当旋转 P 旋钮较多时,环路进入强闭环反馈状态,甚至会发生振荡;一般情况下,把 P 旋钮停在临界振荡时的一半位置,然后打开积分增益开关 I,实现环路的 PI 闭环反馈。

　　注意,若要把激光器从稳频状态断开,第一步是断开积分增益开关 I,然后左旋比例增益 P 旋钮到头,即开环,此时要想观察谱线的话,再右旋扫描幅度旋钮。

　　稳频模块的面板细节如图 E4.5 所示。光谱信号输入增益旋钮可以调节输入信号的幅度,左旋到头即为 0。调制信号输出给电流模块的调制输入端口(详见实验一),调制信号的幅度通常设定为 20 mV,由调制信号幅度控制旋钮调节,左旋到头为 0。相位粗调旋钮和相位细调旋钮,用于调节参考信号的相位,保证参考信号和光谱中的调制信号在鉴相(乘法)时,为同相位,粗调旋钮共四挡,每挡固定调节 90 度,细调旋钮可以在 0 到 90 度之间连续调节,两者配合,可以实现参考信号相位的 360 度可调。稳频模块得到的误差信号,由误差信号输出端口输出,其幅度受误差信号幅度控制旋钮调节。

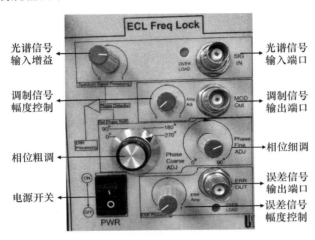

图 E4.5 稳频模块面板

四、实验内容

本实验主要分三大步骤:调出饱和吸收光谱;调出误差信号;闭环稳频。

1. 调出饱和吸收光谱

正常情况下,饱和吸收谱光路已经搭建好,学生只要通过调节电流模块和 PZT 模块,把饱和吸收光谱调出来即可,即调上线。

(1)依次打开半导体激光器电源的电源开关、温度模块开关(按钮加拨挡开关),注意显示屏上显示的设定温度 T_{set},是否为 15~25℃之间。

(2)检查电流调节旋钮是否左旋到头,然后打开电流模块开关,逐渐增加电流至 50 mA 左右,通过显示屏上的 I_{act} 确定当前实际电流。

(3)若一切正常,用荧光板或者红外探测器,应该能够观察到激光输出,打开给光电探测器供电的直流电源,用示波器的端口 1 监测光电探测器的输出信号(光谱信号)。

（4）设定示波器端口 1 为直流耦合，手动遮挡激光输出，观察示波器上的信号应该会有跳变，证明光电探测器工作正常。

（5）打开 PZT 模块电源，打开扫描开关，右旋扫描幅度旋钮大半圈左右，即给定很大的一个激光频率初始扫描范围。

（6）右手持红外探测器，调好焦距，观察饱和吸收谱光路中的铷泡，左手慢慢右旋电流调节旋钮，直到在铷泡中看到闪烁的荧光亮线，并微调电流旋钮，停在荧光最亮位置。（增加电流时，注意电流不要超过 100 mA。）

（7）设置合适的示波器电压挡位和时间挡位，此刻应该能从示波器上观察到不明显的谱线，逐渐左旋扫描幅度旋钮，即降低扫描范围，会观察到谱线逐渐展宽，并向屏幕外侧移动。

（8）调节 PZT 直流偏置旋钮，把谱线往屏幕中间移动，若谱线因跳模消失，微调电流粗调旋钮，把谱线重新调出来。

（9）重复（7）、（8）两步骤，直到目标谱线（铷原子 D2 线第一套谱线）完整清晰的呈现在示波器中，如图 E4.6 所示，并让其中最大峰（稳频参考谱峰）对准屏幕中央。

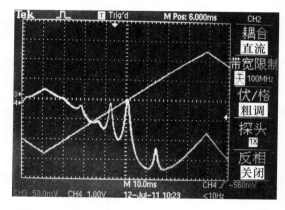

图 E4.6　铷原子 D2 线饱和吸收谱的第一套谱线

2. 调出误差信号

（1）打开稳频模块电源。

（2）加调制。将稳频模块上的调制信号输出端口接到示波器端口 2 上，观察调制信号幅度，通过调制信号幅度控制旋钮，把信号幅度（峰峰值）调为 20 mV 左右，然后把调制信号电缆从示波器上取下来，接入电流模块的调制信号输入端，并打开调制开关，观察光谱曲线应该会略微变粗。

（3）用三端口转接件把光谱信号接入稳频模块的光谱信号输入端口（保留示波器上的监测），并旋转光谱信号增益旋钮至尽可能大，只要旁边的过载灯不亮。

（4）将误差信号输出端口连接到示波器端口 2 上，设置为直流耦合，并右旋误差信号幅度控制旋钮至最大，此时应该能观察到一点误差信号，如图 E4.7 所示。

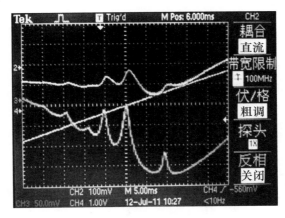

图 E4.7　饱和吸收谱及其一次微分信号（扫描频率约 10 Hz）

（5）调节相位粗调旋钮和相位细调旋钮，把误差信号调到尽可能大，并作实验记录。

（注意此时的误差信号，并非如图 E4.3 所示，在谱线两边处一正一负，在谱线顶点处为 0。这是因为激光频率扫描速度过快，导致得到的误差信号 $G^{(1)}(\omega)$ 频谱分布太宽、高频成分较多，无法完整通过鉴相（乘法器）之后的低通滤波器，故发生波形失真。实验中，我们可以通过小改锥来调低扫描频率，这样就能从示波器上看到完整漂亮的一次微分曲线，即误差信号，如图 E4.3 所示，并作实验记录。）

（6）为了方便示波器触发，还是把扫描频率调得适当高一点，即如图 E4.7 所示那样，示波器的时间分辨率为 5 ms 或 10 ms 每格，屏幕里能完整呈现一套饱和吸收谱。

3. 闭环稳频

（1）用三端口把误差信号接入 PZT 模块的误差信号输入端，记得保留示波器上的监测，检查比例增益 P 旋钮是否左旋到头，检查积分增益 I 开关是否关闭，然后打开误差信号开关，可以保持为常开状态。

（2）调节 PZT 直流偏置，把饱和吸收谱里的最大谱峰对准屏幕中央，若发生跳模，需要微调电流。

（3）逐渐左旋扫描幅度旋钮，降低扫描范围，可以观察到谱线在展开，直到屏幕中只剩下目标谱峰，如图 E4.8 所示，这个过程可能需要配合调节 PZT 直流偏置，保证目标谱线处在屏幕中央。（可以看到，谱峰在逐渐变粗，主要是调制信号的影响；误差信号在逐渐增大，原理同步骤 5 里所说，当扫描范围降低时，误差信号的频谱分布往低频移动，从而逐渐能够完整通过低通滤波器。）

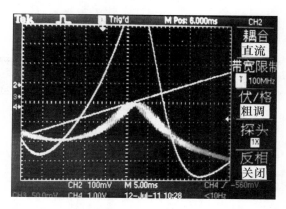

图 E4.8　低扫描范围下的饱和吸收谱及其一次微分信号

（4）继续一点点降低扫描幅度，直到屏幕中只剩下谱线的中间部分最好，然后一点点右旋比例增益 P 旋钮，观察谱线和误差信号的变化，若是观察到谱线逐渐横在顶点处，同时误差信号变为一条斜线，如图 E4.9 所示，则表明环路反馈为负反馈，否则若谱峰顶点被不断往屏幕外推，那就是正反馈，需要旋转相位粗调旋钮两次，颠倒一下误差信号。

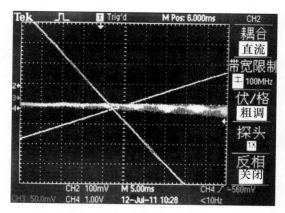

图 E4.9　负反馈情况下的弱闭环情形(扫描幅度很小)

　　（此刻激光频率依然处于扫描状态，不过扫描范围极低，当环路进入弱闭环状态，若为负反馈情形，则误差信号应阻止激光频率的扫描，使得激光频率停在谱峰顶点处，呈现出屏幕中的谱峰横在顶部，考虑到引起激光频率变化的就是 PZT 的扫描信号，所以纠偏信号应当与该扫描信号相反，而纠偏信号与误差信号此时只相差个比例增益 P，故误差信号呈现出屏幕中跟扫描信号很像的一条斜线。）

　　（5）当确定环路为负反馈状态后，左旋扫描幅度旋钮到头，即扫描范围为 0（可以不用关闭扫描开关），此时误差信号应该也变为一条横线（而非斜线），继续右旋比例增益 P 旋钮，至光谱信号发生明显变粗甚至振荡，如图 E4.10 所示。

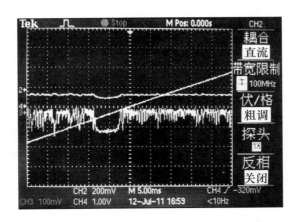

图 E4.10　反馈过大时引起的激光频率振荡

　　（6）把比例增益 P 旋钮回调一半，打开积分增益开关 I，注意观察误差信号的行为。

　　（7）可以左右轻轻旋转 PZT 直流偏置，观察误差信号是否先远离零点，然后又自动回到零点，同时光谱线保持在同一高度没变，另外，也可以通过轻轻敲击实验平台，通过振动影响激光频率，看光谱是否呈现类似图 E4.10 所示的行为，即向下出毛刺，表明当前位置就是为谱线顶部，已经是最高位置，振动引起的激光频率左右波动，只会导致谱线高度降低。

　　（8）实验过程中，每一个重要节点，都尽量做实验记录。实验结束后，先关积分增益开关，然后左旋比例增益旋钮至 0；接下来就是按照从右往左的顺序，依次关闭各模块，注意参考实验一里介绍的关机步骤；关闭示波器、直流电源等其他仪器；归整所用的所有工具，收拾干净实验平台。

五、思考题

（1）稳频实验中的一次微分信号，可以直接通过微分电路处理光谱信号得到吗？试解释原因。

（2）事实上，光谱的三次微分信号也可以作为误差信号进行激光稳频，俗称三次微分稳频，请问如何提取出三次微分信号？并试着比较三次微分稳频与一次微分稳频的优劣。

（3）试着用反证法，解释在稳频负反馈环路中，只有比例增益情况下，通常会有剩差，即闭环后误差信号不为 0。

（4）试着从时域角度分析，加上积分负反馈后，误差信号为何能始终保持在 0 点附近？

实验五　磁光阱

一、实验目的

(1) 加深学生对原子能级结构和物质结构更深层次的认识；

(2) 学习光与原子的动量交换，加深对光波粒二象性的理解；

(3) 理解激光冷却原子的基本原理与技术；

(4) 理解光抽运的基本原理与技术；

(5) 加深对双折射、光轴、线偏振和圆偏振等基本概念的理解。

二、实验器材

(1) 两台外腔半导体激光器及其带稳频电源，激光功率放大器及其电源；

(2) 三台直流稳压电源，两台示波器，AOM 驱动源，AOM 功放，CCD 成像系统；

(3) 四个反射镜，四个四分之一波片，荧光板，红外探测器，功率计。

三、磁光阱基本原理

我们知道，光具有波粒二象性，光与原子相互作用过程中，在特定情况下，光会如同粒子一样，与原子发生碰撞，碰撞过程服从动量守恒定律。温度是原子剧烈运动程度的宏观表征，利用光子与原子的碰撞，降低原子的速度，从而实现冷却，这就是激光冷却的基本思想，最早由美国斯坦福大学物理系教授 Hansch 和 Schawlow 在 1975 年提出，然后贝尔实验室的 Steven Chu 博士于 1986 首次利用六束两两对射的激光，实现原子的三维冷却，冷却温度达到 μK 量级，无限接近绝对零度。在这个基础上，加上一对通有反向电流的线圈，俗称反亥姆霍兹线圈，在六束激光的交叠区域营造一个梯度磁场，就能在冷却原子的同时，实现原子的汇聚，这样获得的冷原子数目大大增加，这就是磁光阱的基本结构。在原子、分子和光物理领域，磁光阱由于简单而有效，已成为制备冷原子样品的标准方法，是冷原子物理、玻色-

121

爱因斯坦凝聚（Bose-Einstein Condensation，BEC）、原子光学、腔量子电动力学、光学晶格等方面研究的实验基础，对精密测量、化学物理、原子分子物理、激光物理以及凝聚态物理等领域的研究具有重要的意义。

1. 激光冷却的物理过程

激光冷却，常用于气体原子的冷却，其原理可以从光的粒子性去理解。当激光与原子发生能量交换（共振吸收）时，光子的行为就如同粒子，存在碰撞截面，否则原子对光子表现为透明。很直观的一个设想就是让原子与光子相对碰撞，实现原子的减速，即冷却。事实上，当原子与激光共振时，原子吸收光子从基态跃迁至激发态，然后很快通过自发辐射回到基态，整个过程持续时间平均为 $\delta\tau=1/\Gamma$，Γ 为激发态的自然线宽。从动量、能量的角度去分析这个过程，它就是碰撞过程，原子和光子 1 秒钟最多能够碰撞 Γ 次。

如图 E5.1 所示，碰撞前光子动量和原子动量分别为 $\hbar\vec{k}$ 和 $\overrightarrow{P_{\text{atom}}}=m\vec{v}$，碰撞后，光子的平均动量为 0（源于自发辐射各向同性），原子动量为 $P'_{\text{atom}}=m\vec{v}\,'$，整个过程服从动量守恒：

$$m\vec{v}+\hbar\vec{k}=m\vec{v}\,' \tag{1}$$

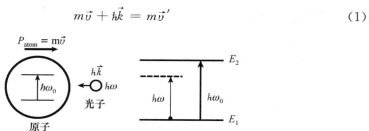

图 E5.1　光子与原子的相互作用模型

每次碰撞之后，原子的动量变化 $\hbar\vec{k}$，速度变化 $\delta v=\hbar\vec{k}/m$，考虑到每次碰撞过程的持续时间 $\delta\tau$，可以算出原子的加速度 $a=\delta v/\delta\tau=\Gamma\hbar\vec{k}/m$，以原子的速度 $\vec{v}$ 方向为正方向，只要原子速度与激光传播方向相反时，a 为负值，原子呈减速状态，即 $a=-\Gamma\hbar k/m=-h\Gamma/m\lambda$，实验中，我们使用的是铷原子，激光波长为 $\lambda=780$ nm，$\Gamma=38$ MHz，$m=1.44\times10^{-25}$ kg，$h=6.626\times10^{-34}$ J·s，可以算出 $a=-23\,000$ g，$g=9.8$ m/s^2 为重力加速度，假如一开始的原子速度为 1 000 m/s，只要约 4 ms 就能减速至 0，所以这是个极高效率的原子冷却过程。

需要注意的是，能让原子减速的碰撞过程，其存在的前提是光子与原子共振，且速度方向相反。考虑到多普勒效应，此时原子感受到的激光频率 ω_d 大于光子的实际频率 ω，$\omega_d=\omega+kv$，而共振的意思就是 $\omega_d=\omega_0$，ω_0 为静止原子内部的能级跃迁频率,也就是原子从激发态通过自发辐射回到基态所释放的荧光光子频率。所以,每一次的碰撞过程,原子实际吸收了一个低频率 ω(称之为红失谐)的激光,却释放了一个 ω_0 频率的荧光,整个过程原子损失了能量 $h(\omega_0-\omega)$,具体表现为动能的降低,这就是从能量的角度来理解碰撞减速过程。可以证明,对于分析理解激光冷却原子的过程,能量和动量这两种角度是等价的。

从前面的分析可以看出,对于给定激光频率 ω 情况下,只能冷却满足共振条件,即 $\omega_0=\omega+kv$ 单个速度群的原子。不过从实验三、四我们看到,原子的共振吸收谱线是有线宽的,也就是说在共振频率附近一定频率范围 $\Delta\omega$ 之内,原子都可以吸收光子,只是吸收强度略有不同,从粒子性角度来讲,就是仍然会发生碰撞,只是每秒钟的碰撞次数不一样,换句话说,在激光频率固定的情况下,能够对一定速度范围 Δv 内的原子进行冷却,很容易计算,$\Delta v=\Delta\omega/k$,而这个速度分布范围之外的原子,对激光表现为透明,无相互作用。当然,这里的原子速度,指的是在激光传播方向的速度分量,所以,若我们用六束红失谐的激光,从空间三维正交方向上,照射气泡内的原子,如图 E5.2(b)所示,就可以实现原子速度的三维减速,考虑到激光频率是固定的(红失谐量一般设定为跃迁谱线线宽 $\Delta\omega$ 的一半,本实验中约 13 MHz),所以只能对各正交方向上 $0\sim\Delta\omega/k$ 速度范围内的原子有明显的减速效果,当这些速度群内的原子降温之后,再通过气泡内原子之间的频繁碰撞,高速原子逐渐变为低速原子,最终所有原子都被激光冷却。

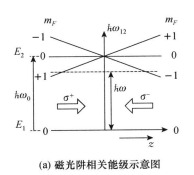
(a) 磁光阱相关能级示意图

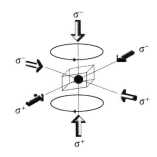
(b) 磁光阱三维光路示意图

图 E5.2　磁光阱的原理图

2. 磁光阱中的汇聚力

六束两两对射的激光束,只能让其中的原子减速,却无法让原子向中间汇聚。我们知道,在静磁场中,原子能级会发生塞曼分裂,分裂出的子能级相对分裂前,能

级移动为 $\Delta E \propto m_F B$，m_F 为磁量子数，B 为静磁场强度。如图 E5.2(b)所示，在反亥姆霍兹线圈中间，能够产生一个四极磁场，即中间点磁场为 0，周围磁场绝对值逐渐增大，以中间点为坐标原点，线圈内任一空间位置 z 处的磁场强度可以近似写成 $B(z)=bz$，b 为比例系数，对原子产生的能级分裂如图 E5.2(a)所示（某一维方向），假设上能级 E_2 只分裂出三条子能级，其交汇点为磁场 0 点。除了添加一个反亥姆霍兹线圈营造的梯度磁场外，六束光也要稍作处理：都是圆偏振光，但在每个维度上，原子感受到两对射激光的偏振旋转方向相反，即一个为 σ^+ 光，一个为 σ^- 光，如图 E5.2(b)所示。

当原子一开始处于零磁场右侧，如图 5.2E(a)所示，原子能同时感受到 σ^+ 光和 σ^- 光，分别对应基态到激发态 $m_F=0 \rightarrow m_F=1$ 和 $m_F=0 \rightarrow m_F=-1$ 的能级跃迁，由于当前空间位置，激光频率更接近于 σ^- 光对应的 $m_F=0 \rightarrow m_F=-1$ 跃迁频率，故原子吸收 σ^- 光的概率比 σ^+ 光的大，一秒钟几百万次下来，原子吸收的 σ^- 光子多于 σ^+ 光子，相当于受到一个向左的净动量作用；当原子一开始处于零磁场左侧时，分析情况类似，原子吸收的 σ^+ 光子多于 σ^- 光子，相当于受到一个向右的净动量作用，这就等效于原子受到一个向零磁场位置的汇聚力作用。三个维度的情况一样，最终实现原子朝线圈中间的零磁场区域汇聚。

到此，我们可以总结一下，红失谐本为激光冷却的必须要求，当加上空间四极梯度磁场后，就可以产生汇聚原子的效果，而所谓的空间四级梯度磁场，就是一对线圈而已，磁光阱由此而来。

3. 光抽运的基本原理

前面的分析过程中，都是把原子简化为二能级模型，实际的原子肯定是多能级结构，以实验中所用的铷 87 原子为例，如图 E5.3 所示，选择基态 $F=2$ 到激发态

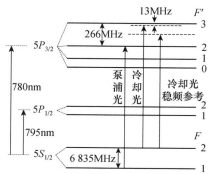

图 E5.3 铷原子磁光阱中涉及的相关能级结构图

$F'=3$ 作为激光冷却的能级跃迁,主要是因为这个跃迁为循环跃迁线,根据选择定则,原子只能在这两个能级间来回跃迁,不至于掉到基态 $F=1$ 子能级上去,但是实际多能级结构中,原子还是有可能会掉到基态 $F=1$ 子能级上去,而导致冷却过程终止,其中一个重要途径就是类似饱和吸收谱里交叉线的情况,即由于多普勒效应,对于与激光传播方向同向运动的原子来说,原子感受到的激光频率比激光实际频率低,从而有可能跃迁至激发态 $F'=2$ 子能级,然后通过自发辐射回到基态过程中,有近一半的概率回到基态 $F=1$ 子能级上,不再被激发。假如原子一开始平均分布在基态 $F=1$ 和 $F=2$ 两个子能级上,通过冷却光作用一段时间后,全部集中于基态 $F=1$ 子能级,这个过程就叫光抽运。

为了避免这种情况,所以激光冷却过程中,除了冷却光之外,还需要加泵浦光,或叫反抽运光,反抽运光的频率选择相对多样,只要能把基态 $F=1$ 上的原子激发到一定的激发态,然后根据选择定则,有概率回到基态 $F=2$ 子能级上即可。

4. 磁光阱实验装置

本实验为综合性实验,系统比较复杂,主要分为四大部分,产生冷却光和泵浦光的光路系统、磁光阱物理部分、外围电路系统、真空维持系统。其中产生冷却光和泵浦光的光路系统,光路复杂,且集成度高,已经调节好,实验中需要看懂光路设计,无须调节;真空维持系统为一台离子泵,用于维持充有铷原子气体玻璃腔内的真空度,处于常开模式,实验中无须调节。

完整磁光阱实验系统如图 E5.4 所示,最底下的是光学系统与磁光阱物理部分;在中间和上面两层里,离子泵电源、磁光阱线圈电源以及两台激光器的电源都好理解。除此之外,TA 电源,是用于冷却光功率的放大,主要是因为激光管本身的输出功率太低,约 10 mW,再考虑到光路中各种损耗,必须先将冷却光功率放大到 100 mW 左右;至于 120 MHz 射频相关电路及其电源,是用于冷却光的声光调制器(Acoustic Optical Modulator,AOM)移频,参考前面的分析可知,我们需要把冷却光频率设定为红失谐状态,如图 E5.3 所示,为了达到这个要求,我们先把冷却光频率锁定到 $F'=2$ 和 3 的交叉线上,此时冷却光频率相对选定共振频率红失谐133 MHz,然后利用 AOM 把冷却光频率向上移频 120 MHz,即达到如图 E5.3 中所示的位置,实现 13 MHz 的红失谐。具体冷却光和泵浦光的产生光路,如图 E5.5所示,两个饱和吸收谱光路分别用于两束光的稳频,冷却光经过移频、功放之后和泵浦光合束,然后一起通过光纤耦合头输出。

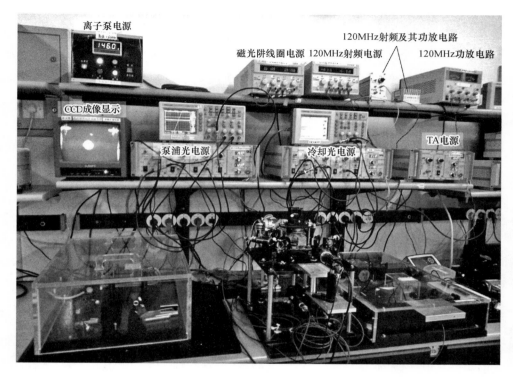

图 E5.4　完整磁光阱实验装置

　　耦合进光纤的冷却光和泵浦光,再通过一分三光纤分束器,分成三路等功率的激光,分别送到磁光阱结构的三个正交方向,然后每个方向利用反射镜,即可构成完整的磁光阱冷却与囚禁光路系统,如图 E5.6 所示。三条光路构成完全一样,每条光路中,激光从光纤耦合头输出时为线偏振光,经过前级反射镜和四分之一波片,变成圆偏振光,然后再经过后级四分之一波片和反射镜,反射回来,如图 E5.6(b)所示。我们知道四分之一波片有两个正交的光轴(快轴和慢轴),任何线偏振光照射到该波片上时,都可以分解到这两个光轴上独立传播,只是传播速度不一样,导致经过四分之一波片后,累积了一个相位差(跟波片厚度成正比),当相位差为 90 度时,称之为四分之一波片,所以当入射光偏振刚好与两个光轴夹角为 45 度时,出射光即为圆偏振光(分左旋和右旋),而在其他角度情况下,基本为椭圆偏振光,除非夹角为 0,此时出射光仍为线偏振光。实验中,需要转动四分之一波片,才能得到如图 E5.2(b)所示的左旋偏振光和右旋偏振光。

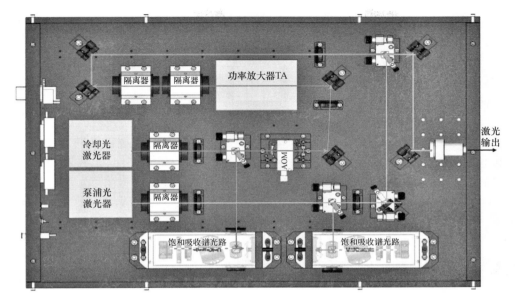

图 E5.5　磁光阱实验中激光冷却光和泵浦光的产生光路图

(a) 磁光阱完整结构设计图

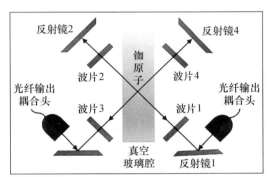

(b) 磁光阱水平光路结构俯视示意图

图 E5.6　磁光阱物理结构

四、实验内容

本实验主要分四大步骤：理解光路系统，调光束对射，激光稳频，调波片光轴。请先仔细阅读"五、注意事项"，再进行实验。

1. 理解光路系统

主要是看明白冷却光和泵浦光的产生光路系统,如图 E5.5 所示,该光路系统被集成在一个封闭透明的玻璃罩内。学生无须调节该系统,只需对照实验原理,理清各光路走向,明白光路中各器件的作用。

(1) 对照实验原理,看明白冷却光和泵浦光产生的光路,如图 E5.5 所示。

(2) 按照前面四个实验介绍的步骤,打开冷却光和泵浦光电源及其温度模块和电流模块,注意观察两电源的温度设置是否在 $15\sim25℃$ 之间,电流都设置为 70 mA 即可,然后待两台激光器控温稳定。

(两个激光器的电流模块在上电之前,注意检查各自的电流调节旋钮是否左旋为 0。)

(3) 依次打开磁光阱线圈电源、120 MHz 射频电源、120 MHz 功放电源,此时玻璃罩内光路中的 AOM 才会有移频光(衍射光)输出。

(磁光阱线圈电源为双路直流电源,分别给反亥姆霍兹线圈的上下两个线圈提供电流,并分别显示电流值,可以通过旋转对应的旋钮独立调节每个线圈的电流大小;实验中两路已经设定为 1A 左右,打开电源即可。)

(4) 打开 TA 电源及其温度模块与电流模块,调节电流至 1 A,此时冷却光功率被放大到 100 mW 左右。

(TA 电流模块上电之前,注意检查电流调节旋钮是否左旋为 0。TA 电流模块必须在有输入光的情况下,才能加电流,所以步骤(2)和(3)一定得在步骤(4)之前;反之,实验完成后的系统关闭过程中,一定得先关闭 TA 电源,再关闭激光器电源。)

(5) 用荧光板或者红外探测器,从图 E5.6 所示的任一光纤输出耦合头处,应该能够观察到一个直径约 2 cm 的输出光斑,利用功率计,可以探测出每路输出光的功率约为 2 mW 左右,越大越好,最低不能低于 1 mW,否则得告知实验老师。

2. 调光束对射

(一共六束激光,组成三对驻波场,正交于反亥姆霍兹线圈中间。三对光束分水平两路、竖直一路,如图 E5.6(b)所示,每条光路结构一模一样,实验中,竖直一路已经调好,无须调节,只需搭建并调节水平两路光束即可。每路包含两个反射镜、两个四分之一波片,每路调节的目标是激光从光纤耦合头输出,通过两个反射镜和两个波片后能够完整的原路返回。)

(1) 如图 E5.6(b)所示,放置水平两路驻波场结构的光学元件,每个元件的位置已经设计好,并配有各自的固定孔。

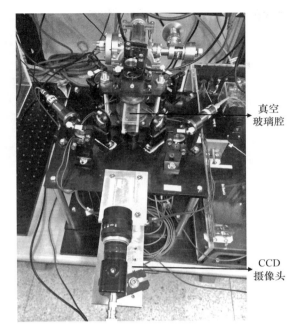

真空
玻璃腔

CCD
摄像头

图 E5.7　磁光阱实际结构以及 CCD 摄像头

（2）调节反射镜 1 角度,用荧光板看光斑,保证光束完整的通过两个四分之一波片,然后在反射镜 2 中间看到完整的光斑(完整的含义是指光斑及其四周光晕不能有被切过的痕迹),调节过程中可能需要微调两个波片和反射镜 2 的位置;调好后固定死反射镜 1 以及两个波片。

（3）给光纤耦合头套上特制光阑(小孔),此时光斑只剩下正中间的一个小点,转动反射镜 2 的角度,并用红外探测器观察光阑,找到反射光斑小点,调节反射镜 2 的水平竖直角度,使得反射光点和光阑中间小孔重合;调好后去掉光阑,固定死反射镜 2,然后让实验老师检查。

（4）重复步骤（1）和（2）的方法,调节并固定另外一条水平光路。

3．激光稳频

（1）打开两台激光器电源的 PZT 扫描模块,调节各自的电流,直到从示波器上看到饱和吸收谱,根据以往经验,冷却光的电流在 80 mA 左右,泵浦光的电流在 120 mA 左右(实际情况会略有差别);按照实验三、四介绍的步骤,调节扫描参数,得到用于冷却光稳频的第一套谱和用于泵浦光稳频的第四套谱,如图 E5.8 所示,若激光器跳模严重,无法调出对应的饱和吸收谱,及时告知实验老师。

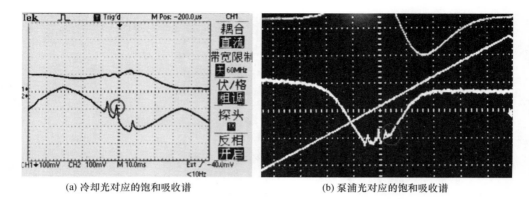

(a) 冷却光对应的饱和吸收谱   (b) 泵浦光对应的饱和吸收谱

图 E5.8　磁光阱实验中用于冷却光和泵浦光稳频的对应饱和吸收谱

（2）打开两个激光器电源的稳频模块，按照实验四里介绍的稳频步骤，分别把两台激光器频率锁定到各自的谱峰上，如图 E5.8 所示，然后用 CCD 摄像头对准含有铷原子的真空玻璃腔，如图 E5.7 所示，打开 CCD 显示器电源并观察，如果运气不错，也许能看到微弱的冷原子团，如图 E5.9(a) 所示。

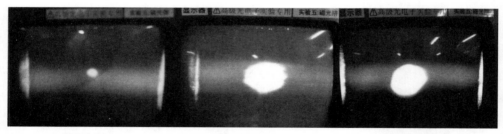

(a) 微弱的冷原子团   (b) 轮廓不清晰的冷原子团   (c) 接近理想的冷原子团

图 E5.9　实验中通过调节波片观察到的冷原子团

4. 调波片光轴

（1）若看不到冷原子团，大范围旋转波片 1 和 3，盯紧 CCD 显示器，其实只要前面的步骤完成无误，很容易通过转波片找到一点点冷原子团，然后左右微旋波片 1 和 3，把冷原子团调大调亮，如图 E5.9(b) 所示。

（2）可以稍微加大 TA 电源的电流模块设定值，加大到 1.5A 左右，观察冷原子团亮度的变化；微调反亥姆霍兹线圈的电流，观察冷原子团的位置变化；甚至可以微调反射镜 2 和反射镜 4，观察冷原子团的形状变化；我们的目标是把冷原子团调的又大又亮又圆，且边界圆滑清晰，如图 E5.9(c) 所示，并做实验记录。

（3）结合思考题,改变一些参量,做一些相关测试,观察并记录。

（4）实验过程中的一些关键节点,尽量做实验记录。实验完成后,按顺序关闭系统：首先断开两个激光器的稳频环路,即关闭积分增益开关,把比例增益旋钮左旋为0;然后调节 TA 电流至0,按步骤关闭 TA 电源;接着按顺序关闭 120 MHz 射频电源和功放电源,磁光阱线圈电源,CCD 显示器电源;最后按步骤关闭两台激光器电源。收拾归整好荧光板、红外探测器、功率计以及改锥等各类工具,并告知实验老师进行检查。

五、注意事项

（1）若调波片光轴的步骤(1)无法看到冷原子团,可以从以下方面找原因：① 检查对射光路是否准直;② 检查激光稳频是否正确;③ 测量每路光强是否有 2 mW 以上;④ 检查磁场线圈电源是否打开,两个线圈电流是否为 1A 左右;⑤ 波片光轴不对,可请教实验老师。

（2）调节对射光路时,一定要注意两台激光器得处于扫描状态,而非稳频状态,否则调节光路带来的振动,会让激光器失锁,但从示波器上却不易察觉,导致错误的误差信号不断作用 PZT 模块。

（3）切记不要触碰或者撞击真空玻璃腔体（尤其调光路时小心触碰）。

（4）实验中注意不要触碰 CCD 摄像头背后的数据接头,容易损坏接口。

（5）切勿私自打开产生冷却光和泵浦光的光路系统玻璃罩。

（6）一定要先开冷却光和 120 MHz 射频及其功放电路,保证 TA 放大器有输入光时再打开 TA 电源;同理,在关闭系统时,先一步关闭 TA 电源,再关闭激光器电源。

六、思考题

（1）实验中,泵浦光频率被锁定在第四套谱最右边那个峰上（$5S_{1/2}$, $F=1 \to 5P_{3/2}$, $F'=2$）,试问锁定在该套谱的其他几个峰上行不行,为什么?

（2）解释 CCD 显示器上横向亮线背景的成因,如图 E5.9 所示,理论上竖直方向上会有同样的亮线吗?

（3）实验中,调节两个线圈的电流,可以改变冷原子团的位置,若想把冷原子团调节到横向背景亮线的中间,通常两个线圈的电流并非一样大,换句话说,当把两个线圈的电流设为一致(比如 1A)时,冷原子团会出现在横向背景亮线中间偏下的位置,试猜想背后可能的原因。

（4）旋转水平两条光路的后级四分之一波片,即波片 2 和波片 4,理论上对冷原子团是否有影响？试解释原因。

（5）（选做）试着设计一个测四分之一波片光轴的光路,并解释测试过程。

实验六　超快光纤激光器特性测试

一、实验目的

（1）熟悉光纤的清洁、切割、焊接、保护等基本操作方法；

（2）熟悉飞秒光纤激光器的光谱、脉冲等各项基本性能指标特性；

（3）熟悉利用功率计测量锁模输出功率和泵浦电流的 P-I 曲线；

（4）熟悉利用光谱仪对飞秒脉冲进行光谱的记录、分析、存储等基本操作；

（5）熟悉利用光电探测器及示波器进行飞秒脉冲序列的测试和分析；

（6）熟悉利用自相关仪对飞秒脉冲的脉宽进行测试和分析。

二、实验器材

（1）锁模飞秒光纤激光器；

（2）熔接机、切割刀、米勒钳、酒精瓶、无尘纸等基本光纤处理工具；

（3）功率计等光平均功率探测仪器；

（4）光谱仪及传输光纤探头基本光谱探测仪器；

（5）探测器、示波器（100 MHz 以上）等基本光脉冲序列探测仪器；

（6）自相关仪等飞秒脉冲测量仪器。

三、飞秒脉冲激光器基本性能及其测试方法

1. 锁模激光器基本特性

在简单激光器中，振荡模式彼此独立，没有固定关系，模式之间干涉，平均起来产生近似常数的输出强度，这种激光工作方式称为连续波。当模式之间保持固定相位差，不同模式的激光周期性地建立起相生干涉，会产生极短时间的脉冲激光，脉冲长度通常在皮秒（10^{-12}）甚至飞秒（10^{-15}）级，这些激光脉冲的时间间隔为 $\tau=$

$2L/c$,其中 τ 是激光往返共振腔所需的时间,这个时间对应激光器模式之间的频率间隔,也就是 $\Delta\nu = 1/\tau$。

与前面实验所涉及的连续激光相比,飞秒脉冲光具有很大的占空比,一般来说我们主要从时域和频率两个方面对飞秒脉冲来进行基本的描述。

首先在时域上,飞秒脉冲是由一连串间隔相同的脉冲系列所组成,每一个脉冲的宽度一般来说在皮秒到飞秒量级,我们统称为超快(超短)脉冲。一个具有 2.7fs 的脉冲,其光强和电场分布如图 E6.1 所示。对于几十飞秒到几十皮秒的脉冲光,由于时间分辨率非常高,无法用普通的探测器加示波器直接读出,通常使用自相关等方法进行间接测量。

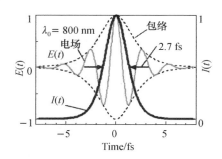

图 E6.1　飞秒脉冲的光强和电场分布图

周期性的、极短的时域脉冲分布,在频域上就对应着很宽的光谱。通常,对于钛宝石激光器,其输出脉冲的谱宽在几十甚至几百纳米,普通锁模光纤激光器的谱宽也在十纳米量级。如此宽的光谱也是由一根根等间距的分离频率组成的,如图 E6.2 所示,其中每一个频率对应着此激光器振荡腔内的一个腔模,而谱线的间隔就是此激光器的重复频率 f_r。把频谱向低频零点延拓,通常存在一个初始频率 f_0,这是光梳中两个非常重要的频率,这一点会在后续的实验八中进行讨论,这里不再详述。

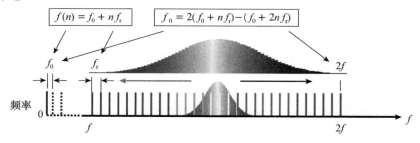

图 E6.2　飞秒脉冲频谱的构成

利用高速模拟示波器,可以记录飞秒脉冲的时域序列图,如图 E6.3 所示,由完全等间隔的脉冲序列构成。

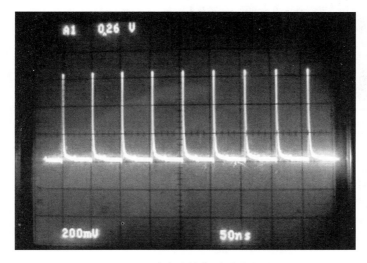

图 E6.3　飞秒脉冲的典型时域序列图

在前面的实验中,我们接触到了激光器阈值电流的概念,并且对其输出功率与泵浦电流之间的关系进行过测量。锁模激光器同样具有阈值的概念,只是通常来说,锁模激光器可能会存在两个阈值:随着泵浦电流(功率)从零开始提升,首先此激光器可以达到第一个阈值,实现连续激光输出;随着泵浦电流的进一步提升,达到锁模阈值,实现锁模输出,通常此时输出的功率会存在一个突然的下降,如图 E6.4 所示。此后进一步增加泵浦电流,此激光器会一直工作在锁模状态下。

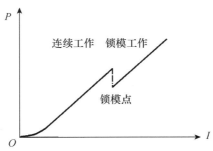

图 E6.4　锁模激光器的 P-I 曲线

当然,如果泵浦功率过高,单个脉冲能量过大无法正常工作,激光器也会出现脉冲分裂等现象,如图 E6.5 所示。

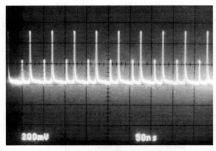 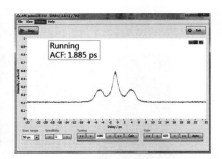

(a) 示波器上观察到的脉冲分裂   (b) 自相关仪上观察到的脉冲分裂

图 E6.5　锁模脉冲的分裂现象

上面所涉及的脉冲光谱、脉冲序列、锁模阈值、脉冲宽度等诸多飞秒脉冲的基本参量都是本实验需要进行实际测量和掌握的。

2. 锁模激光的测试方法

(1) 测试整体装置图,如图 E6.6 和图 E6.7 所示。

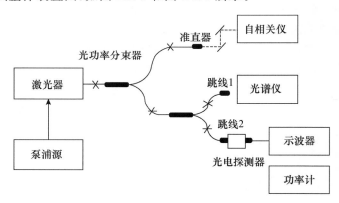

图 E6.6　实验测试装置示意图

(2) 激光器基本使用操作方法。

将单模 980 nm 泵浦源插上电源线,打开仪表前面的开关,钥匙旋至 OPEN。按一下黄色键后可以转动旋钮选择输入泵浦源电流,再按黄色键,选定的电流值输入,如图 E6.8(a) 所示(相关操作可以参考仪器说明书)。将激光器接入光谱仪,观察光谱,逐渐增大泵浦源功率至激光器锁模,如图 E6.8(b) 所示,按右键泵浦源关闭。

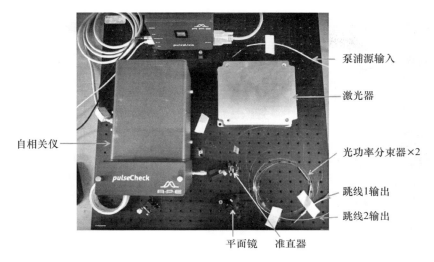

图 E6.7　实验测试装置实物图

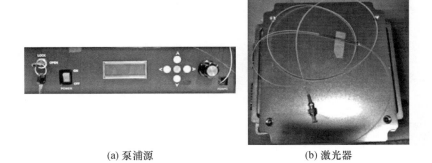

(a) 泵浦源　　　　　　　　　　　　　(b) 激光器

图 E6.8　泵浦源及激光器

（3）光纤熔接等基本操作方法。

① 开机。开启熔接机电源。

② 选择正确的熔接模式：在待机界面下，按菜单键进入熔接菜单，然后选中"熔接模式"，按确认键进入，根据实际光纤类型选择合适的熔接模式；默认情况下，可以选择 1 号"AUTO"模式；只有当熔接标准单模光纤（ITU-T G.652）时才推荐使用"SM AUTO"模式，如图 E6.9 所示。

③ 剥光纤。先套上热缩管，然后用米勒钳去除涂覆层，如图 E6.10(a) 所示。

④ 擦光纤。用无尘纸蘸上无水酒精，包裹着擦拭裸露的纤芯三次，如图 E6.10(b) 所示。

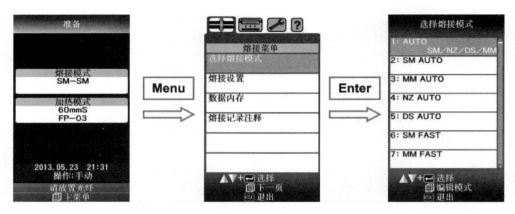

图 E6.9 熔接程序选择

⑤ 切光纤。沿箭头打开切割刀锁定开关,将清洁后的纤芯放在切割刀的 $250\ \mu\mathrm{m}$ 槽中,如图 E6.10(c)所示;压紧被切段两边,轻轻按下切割刀头,切割完成,如图 E6.10(d)所示。

(a) 用米勒钳剥除光纤涂覆盖层

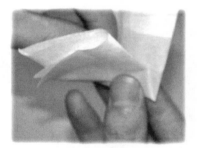

(b) 用无尘纸清洁光纤三次

注意:
光纤涂覆层应与刻度尺的刻度12对齐。

(c) 放于切割刀的250μm槽中

(d) 轻轻按下切割刀头,切割完成

图 E6.10 光纤的处理与切割

⑥ 焊光纤。将切好的光纤分别放入熔接机的左右压块上,光纤前端距电极 1 mm 左右,不能超过电极,也不能离电极太近。涂覆层不能放置于 V 型槽上,否则熔接时会报错。按 SET 键进行熔接,如图 E6.11(a) 所示。

⑦ 热缩。将热缩管挪到熔接处,放置在专用托盘上,保证裸露的光纤全部在热缩管内,加热,冷却后取出,如图 E6.12 所示。

(a) 光纤放置好后,按SET键开始熔接

(b) 对轴时,熔接机自动识别两侧光纤类型

(c) 完成对轴后,自动熔接

(d) 熔接完成后,估算损耗

图 E6.11　熔接过程

图 E6.12　热缩管的使用

⑧ 关机。熔接机使用完毕后，按电源键关闭熔接机。

（4）频域光谱的测试方法。

图 E6.13 所示为光谱仪，用于测量激光的频谱。

① 开机。仪表背后插上电源线，打开 MAIN POWER 开关，按下仪表前面板的 POWER 开关，接入光信号。

② 扫描。按 SWEEP 键，选择 REPEAT 开始扫描。

③ 设置参数。按 CENTER 键可以输入中心波长；按 SPAN 键可以输入扫描带宽；按 LEVEL 键，可以选择 LOG SCALE 或 LIN SCALE，对应纵轴为线性刻度或对数刻度，观察锁模光谱选择 LOG SCALE；按 SETUP 键，再选择 RESOLUTION 可以设置分辨率。

④ 保存。插入 USB 存储器，按 FILE 键，选择 WRITE，将 MEMORY INT 改为 MEMORY EXT，选择 MAKE DICTIONARY→DICTIONARY NAME→输入目录名→DONE→EXECUTE，创建目录，打开指定目录，FILE NAME→输入文件名→DONE→EXECUTE，保存执行。

⑤ 关机。按左下角电源键，选择 YES。

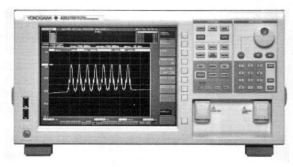

图 E6.13 光谱仪

（5）时域脉冲序列的测试方法。

激光脉冲的时域序列可通过示波器观察，如图 E6.14 所示。

(a) 光电探测器　　　　　　(b) 数字示波器

图 E6.14 观察时域脉冲序列的器件

① 打开示波器,将光源输出接入光电探测器,再将光电探测器输出电信号接入示波器输入端。

② 调节示波器幅度设置和时间设置,理想锁模时应观察到等间隔的脉冲。

(6) 锁模阈值的测试方法。

图 E6.15 所示为光纤接口光功率计。将激光器输出端插入功率计,设置测量中心波长。逐步增加泵浦源电流,测量激光器输出功率。画出"功率-电流"曲线,通过观察输出功率的变化寻找锁模点,即随着泵浦电流的逐渐增加,输出功率突然减小时,为激光器锁模阈值点。

图 E6.15　光功率计

(7) 脉冲宽度的测试方法。

自相关仪的光学系统与迈克尔干涉仪结构类似,入射脉冲经分束片分为两束光,然后经过两棱镜反射后通过透镜聚焦于晶体上,连续改变其中一个棱镜的位置可以形成一个脉冲序列对另一个脉冲序列的扫描,形成相关函数的波形,如图 E6.17(b)所示。选择倍频晶体的方向,使输入光 $E(t)$ 和 $E(t-\tau)$ 两束光的波矢量

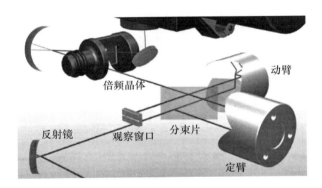

图 E6.16　自相关仪内部光路图

(a) 自相关仪

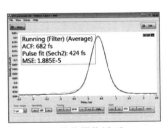

(b) 软件操作界面

图 E6.17　自相关仪及其软件

都稍稍偏离相位匹配方向,因而在单独入射时不产生二次谐波。当两束波同时入射时,因合成波矢量满足相位匹配条件,则产生二次倍频,其信号与两束光的乘积有关,由光电倍增管记录,自相关函数波形的半高宽即为脉冲宽度。

先用准直器将光纤中的光转换成空间光,激光从准直器射出,经反射镜中心反射后射入小孔,用手持红外观察仪在观察窗口看到有光斑,调节反射镜旋钮将光斑调至十字叉丝中心。打开软件,单击 AUTO 键观察脉宽,微调旋钮,如图 E6.17(a)所示。

四、注意事项

(1)不可直视激光束(迎着激光束射来的方向看),不要对激光器件做任何目视准直操作,眼睛始终高于激光器光路高度。瞬间功率极高,注意保护眼睛。

(2)不可用手指直接触摸光学表面,若有灰尘或油污,可用带有酒精的无尘纸轻轻擦拭。

(3)处理后的光纤端面不能碰到任何东西,否则会损伤端面,从而影响熔接质量;出现问题后,应重新处理端面。

(4)实验结束后应当清理桌面,并确认所有仪器均关闭,经过实验老师批准后方可离开。

五、实验内容

(1)熟悉实验各仪器,对照如图 E6.6 所示的测试装置示意图,看明白实际光路走向。

(2)用螺钉将激光器的四个角固定在光学面包板上,输出光纤焊接两个光功率分束器、两个跳线头和一个准直器。

(3)打开激光器和泵浦源,设置泵浦源输出电流为 100 mA,按照锁模阈值测试方法,测量锁模阈值,并画出 P-I 曲线。

(4)设置泵浦源输出电流为锁模阈值点以上(只要为锁模状态即可),按照光谱仪使用方法,观察光谱(中心波长 1 550 nm,扫描带宽 200 nm,分辨率 2 nm,选择 log 谱);按照时域脉冲序列的测试方法,观察时域波形;按照脉冲宽度的测试方法,测量脉冲宽度。

(5)逐渐增大泵浦源输出电流,同时观察激光光谱、脉冲光序列和脉冲图形直至发生脉冲分裂现象。

（6）实验结束，收拾仪器，整理桌面。

六、思考题

（1）实验中从数字示波器上看到的脉冲序列、显示的脉冲宽度能否表征实际的脉宽？

（2）锁模脉冲的频谱应该是一根根分立的频率，而实验中从光谱仪上看到的为一条连续的频谱分布，解释原因。

（3）发生脉冲分裂时，都有哪些表现？

实验七　掺铒光纤锁模激光振荡器搭建

一、实验目的

（1）了解非线性偏振锁模的原理；

（2）学习搭建光纤激光器过程中调节腔内耦合的实验操作；

（3）在确定要求下，完成对光纤激光器腔内的设计与调节；

（4）巩固对超快激光性能指标的理解及测量方法。

二、实验器材

（1）980 nm 泵浦源激光器；

（2）两个 $\lambda/4$ 波片，一个 $\lambda/2$ 波片，偏振分光棱镜，两个准直器，980/1 550 波分复用器，隔离器，1∶9 分束器，掺铒增益光纤，跳线；

（3）荧光板，示波器，光谱仪，功率计；

（4）切刀，剥线钳，酒精瓶，擦镜纸等。

三、实验原理

1. 掺铒光纤激光器

增益光纤是指光纤芯子中掺杂了稀土离子（Er^{3+}、Nd^{3+}、Tm^{3+}、Yb^{3+} 等）能够充当光纤激光器增益介质的光纤。当泵浦光通过掺杂光纤时，稀土离子吸收泵浦光，使稀土原子的电子激励到较高激发态能级，从而实现粒子数反转。反转后的高能态粒子在外界光场的诱使下，以光辐射的形式从高能级转移到基态，完成受激光辐射。

和传统的固体、气体激光器一样，掺稀土光纤激光器基本也是由泵浦源、增益介质、谐振腔三个基本的要素组成。泵浦源一般采用高功率半导体激光器，增益介

144

质为掺稀土光纤,谐振腔可以由光纤光栅等光学反馈元件构成各种直线型谐振腔,也可以用耦合器构成各种环形谐振腔。泵浦光经适当的光学系统耦合进入增益光纤,增益光纤在吸收泵浦光后形成粒子数反转或非线性增益并产生自发辐射,所产生的自发辐射光经受激放大和谐振腔的选模作用后,最终形成稳定激光输出。

2. 激光的锁模原理

产生超短激光脉冲的技术常称为锁模技术(Mode Locking),这是因为一台自由运转的激光器中往往会有很多个不同模式的激光脉冲同时存在,而只有在这些激光模式相互间的相位差锁定时,才能产生激光超短脉冲或称锁模脉冲。实现锁模的方法有很多种,但一般可以分成两类:主动锁模和被动锁模。主动锁模指的是由外部向激光器提供调制信号来周期性地改变激光器的增益或损耗,从而达到锁模目的;而被动锁模则是利用材料的非线性吸收或非线性相变的特性(可饱和吸收体),来产生激光超短脉冲。

本实验采用的是被动锁模。我们知道,脉冲时域为周期性脉冲,频域为一根根等间隔的梳齿,锁模的含义是指这些梳齿的相位差锁定,这个听起来不是很直观,不过换算到时域情况就是尽可能的压窄脉宽并提高峰值功率,如同数学上的 δ 函数。在激光器环路中,加入一种叫作可饱和吸收体(或类可饱和吸收体)的物质,简单地说,它对强光吸收弱,对弱光吸收强,这样当脉冲通过时,脉冲的前后沿由于功率低,被吸收的多,而脉冲的中间部分由于功率高,则透过的多,这样不断循环,脉冲不断被压窄,且峰值能量不断增加,直到达到平衡,即实现锁模。

一台激光器实现锁模运转后,在通常情况下,只有一个激光脉冲在腔内来回传输,该脉冲每次到达激光器的输出镜时,就有一部分光通过输出镜耦合到腔外。因此,锁模激光器的输出是一个等间隔的激光脉冲序列。相邻脉冲间的时间间隔等于光脉冲在激光腔内的往返时间,即腔周期。激光脉冲的宽度(脉宽)是否达到飞秒量级主要取决于腔内色散特性、非线性特性及两者间的相互平衡关系,而最终的极限脉宽则受限于增益介质的光谱范围。

3. 激光器的搭建

本实验我们采取的是非线性偏振旋转被动锁模(Nonlinear Polarization Evolution,NPE),结构如图 E7.1 所示。掺铒光纤作为增益介质、偏振无关光隔离器迫使光按单一方向传播;两个光纤准直器(Collimator)用于激光形成环形腔;一个980 nm/1 550 nm 波分复用器(Wavelength Division Multiplexer,WDM)将中心波长为 980 nm 的激光泵浦源接入环形腔内;两个四分之一波片(Quarter-Wave Plate,QWP)和一个二分之一波片(Half-Wave Plate,HWP)进行偏振控制,以达到

145

锁模状态；偏振分光棱镜用于检偏器并输出激光脉冲。这种分立的波片调控范围更大，容易有效调节偏振变化，重复性好。为了方便测量锁模信号，我们加入光功率分束器，将腔内 10% 的光通过光纤输出进行时域、频域的测试。实验所用部分器件，如图 E7.2 所示。

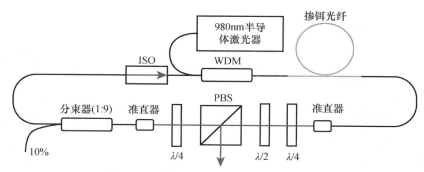

图 E7.1　掺铒光纤锁模激光器结构示意图

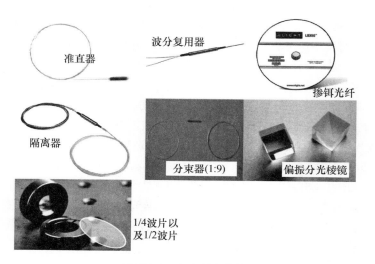

图 E7.2　实验所有器件

　　根据所需要的脉冲重复频率，计算光纤的长度，可以通过下面的公式进行估算：

$$\frac{L_{空间}}{c} + \frac{L_{光纤}}{c_{光纤}} = \frac{1}{f} \tag{1}$$

其中，$c_{光纤} = c/n = 2 \times 10^{8}\ \text{m/s}$，$L_{空间}$ 是指两个准直器之间的距离，$L_{光纤}$ 是所有光纤的总长度，包括掺铒增益光纤。确定长度后将光纤光路内的装置用熔接机熔接起

146

来(注意不要把已经焊好的点弄断),然后把所有的光纤盘在空间光路的四周,用胶带固定光纤。

按激光器结构示意图将器件依次熔接起来,其中光功率分束器 10% 的输出端接一个跳线头,并将准直器安装在光学调节架上。

4. 光路耦合与锁模调节

激光器搭好后需要进行空间光路的准直使激光在腔内连续行进并产生增益,进而才能使激光器出光。打开泵浦源至 927 mA,将光纤输出的跳线头接上红外激光笔(红光笔)。如图 E7.3 所示,在准直器 A 处用荧光板看光斑,显示绿色光点和红色光点,用手调准直器 B 的调整架,将两个光点调重合,同理再在准直器 B 处用荧光板观察绿色光点和红色光点,用手调准直器 A 的调整架,将两个光点调重合。需要重复几次,直至两端处光点均重合。在放入和拿出荧光板时,掺铒增益光纤亮度明显变化说明耦合较好。

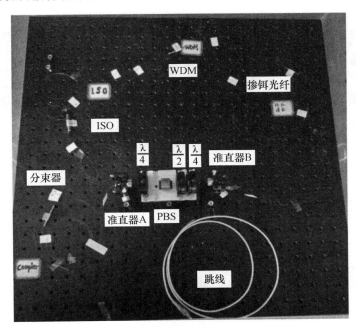

图 E7.3　锁模激光器实物图

不过到目前为止,耦合的效率取决于人眼对两个光点是否重合的直观判断,这种耦合调节属于定性的范畴,其实精度是很低的,还需要进行定量的调节,即借助于光功率计,从分束器的 10% 的输出端探测,微调准直器调整架,使得输出功率最大,这就是最好的耦合情况。

安装空间光路器件两个二分之一波片、一个四分之一波片和一个 PBS,然后再次微调准直器调整架,使得输出功率最大,把激光输出跳线头改接到光谱仪上,即可进行 NPE 锁模调节。缓慢调节两个 $\lambda/4$ 波和一个 $\lambda/2$ 波片,同时利用光谱仪观察激光光谱。未锁模状态的激光光谱如图 E7.4(a)所示,同时其形状会受到波片调制的影响很大。临近锁模时会在很大带宽内看到"毛刺"如图 E7.4(b)所示,此时在三个波片这个位置附近进行调制,就会达到锁模状态,如果始终达不到锁模,可以转动波片找别的锁模点,锁模后的光谱如图 E7.4(c)所示,此时在示波器上看到的结果如图 E7.4(d)所示。

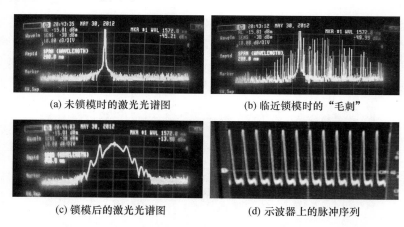

(a) 未锁模时的激光光谱图   (b) 临近锁模时的"毛刺"

(c) 锁模后的激光光谱图   (d) 示波器上的脉冲序列

图 E7.4　激光锁模过程及结果

四、安全事项

(1) 不可直视激光束,不要对激光器件做任何目视准直操作,眼睛始终高于激光器光路高度。激光脉冲瞬间功率极高,注意保护眼睛。

(2) 不可用手指直接触摸光学表面,若有灰尘或油污,可用带有酒精的擦镜纸轻轻擦拭。

(3) 裸露光纤容易折断,使用时应当轻拿轻放;焊点不加热缩管时,应把两端固定好,以免焊点处折断;所有裸纤固定,以免晃动影响锁模。

(4) 实验结束后应当清理桌面,并确认所有仪器均关闭,经过实验老师批准后方可离开。

五、实验内容

（1）检查各器件是否完好，依次连接及安装器件。

（2）调节激光器腔内耦合，调试出光，测量输出端光功率。

（3）安装波片及 PBS，把泵浦电流调至最大 927 mA，转动波片调节锁模，调节过程参考光路耦合与锁模调节。

（4）利用光谱仪测量锁模激光光谱；利用光电探测器和示波器测量脉冲序列；利用功率计测量锁模激光器 $P\text{-}I$ 曲线，找到锁模阈值。

（5）观察是否可以自启动，用纸片等遮挡物插入空间光路，再抽出，观察激光是否自启动锁模，找出可以自启动的最低泵浦源功率。

六、思考题

（1）锁模激光器输出的是周期性脉冲激光，若是用前面实验中的单模激光器，配合一个光学开关，也能输出一个周期性的脉冲激光，试分析两者有没有区别？

（2）为什么耦合基本调好时增益光纤会变暗？

（3）参考教材原理篇，试简述 NPE 被动锁模的基本过程。

实验八　光纤飞秒光梳测定光学绝对频率

一、实验目的

(1) 理解飞秒光梳的基本原理；

(2) 掌握飞秒脉冲频域展宽的原理及技术；

(3) 掌握飞秒光梳重复频率和初始频率的锁定原理及方法；

(4) 理解光学频率向微波频率传递的原理与技术；

(5) 理解利用飞秒光梳进行精密测量的基本方法。

二、实验器材

(1) 1 550 nm 光纤光学频率梳及其电源,780 nm 外腔半导体激光器及其电源；

(2) 1 550 nm 光电探测器,光谱仪,频谱仪,示波器,频率计；

(3) 锁相环电路,温控电路,饱和吸收谱光路。

三、实验原理

　　时间与人们的日常生活是密不可分的,作为一个基本的度量单位,时间的计量必然存在一个精度与准确性的问题。早在一千多年前,我们的祖先就发明了世界上最早的时间计量设备——水钟,但直到 17 世纪前后,由于航海活动的需要,人们才对计时精度的重要性有了初步的认识。随着现代科学技术的发展,时间的精密计量也被赋予了新的科学内容。一方面新的技术被用于高精度的时间计量中,另一方面精确的时间量也对基础科学的发展起着重要的作用。1967 年第 13 届国际计量大会重新定义了"秒",秒是铯-133 原子基态的两个超精细能级结构之间跃迁所对应辐射的 9 192 631 770 个周期的持续时间。这一定义基于原子跃迁的同一性,它使得时间精度达到了 10^{-15} 量级,也是目前所有物理量中最精确的基本单位,一直沿用至今。

时间与频率是互为倒数关系,高精度的时间频率基准,对于涉及时间频率测量的大量科学研究和技术应用领域,都起着核心的作用,例如超精细光谱学、全球定位系统、空天飞行、精密制导以及无线通信等方面,在某种意义上可以说以微波原子钟为基础的时间频率标准,构成了现代科学技术大厦的基石,而科学技术研究的不断发展,对时间频率的基准又提出了更高的要求。在激光诞生后不久,人们就想到了采用光学频率代替微波钟作为新的时间基准的可能性。从理论上来说,由于光学频率在几百个太赫兹量级,比微波频率的吉赫兹高多个量级,因此采用光钟有可能达到 10^{-18} 量级的准确性。这样必然会使得跟时间频率相关的测量精度上升几个数量级。但是这一原理的实现面临一个巨大的障碍,就是如何实现微波频率与光学频率之间的连接,多年来这一障碍一直是制约该项研究的瓶颈。

为了实现微波频率到光学频率的连接,人们最初采用频率链的技术,其主要思想是通过非线性频率变换等手段,将光学频率变换到微波频率。由于这种方案技术过程的复杂和转换效率的低下,直到 20 世纪末才建成这样的装置。虽然频率链能够实现光学频率的绝对测量,但它只能间接测量并且具有很多缺点:系统复杂庞大,需要多台激光器,占用体积大;测量精度差,由于多台激光器之间的相互转化所形成的累积误差,决定了用它来测量光频的不确定性和复杂性;使用困难、实用性低,一个频率链只能测一条频率且需要花费很长时间。20 世纪 70 年代,在美国斯坦福大学的德国科学家 Hänsch 等率先提出用超短激光脉冲作为桥梁连接光学频率与微波频率的可能性,并利用同步抽运的染料激光器所产生的皮秒激光,实现了 500 GHz 的光学频率梳。基于锁模飞秒激光脉冲的光学频率梳可以准确、可靠、方便地将光学频率锁定到基准频率上,使得光学频率的直接绝对测量成为现实。

1. 光学频率梳基本原理

锁模后的激光在时域内是一系列等间隔的超短脉冲,脉冲宽度在几十到几百个飞秒,重复频率在几十兆赫兹到几吉赫兹之间;在频域,其光谱是一列规则等间隔的光谱线组成的光梳,每个梳齿之间的间隔精确地等于飞秒激光的脉冲重复频率,如图 E8.1 所示。

要实现光学频率的直接测量,必须满足两个条件:要有一个和未知频率相近的已知频率,该已知频率必须具有可溯源性(Self-Referencing)。由上述频率梳的原理可知,任意一条梳齿的频率可以表示为 $f_n = nf_r + f_0$。其中 f_r 为脉冲重复频率,f_0 为初始频率,f_n 为第 n 根梳齿的频率。因此,只要 f_r 和 f_0 确定并可溯源,就能满足光学频率直接测量的条件。

由于脉冲的重复频率可以直接来源于锁模激光的光电转换信号,因此实现光频梳的关键就在于初始频率 f_0 的产生与探测。由于激光腔内的色散,群速度与相速度并不相等,脉冲每次在腔内往返都会导致载波相对于包络峰值的位置有一个

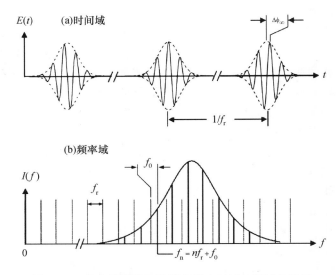

图 E8.1　稳定锁模的飞秒激光器在时域与频域的描述

$\Delta\Phi$：载波包络相位差，f_r：脉冲重复频率，τ：相邻两个脉冲的时间间隔，f_0：初始频率，f_n：第 n 根梳齿的频率，n：光梳齿的序数。

漂移，这个相移在频域就对应一个相对于理想频梳的相对漂移，即初始频率 f_0。获得 f_0 的方法有多种，最典型的就是自参考的 f-$2f$ 法，如图 E8.2 所示。当两根梳齿序数分别对应 n 和 $2n$ 的梳齿频率进行拍频时，能够得到 $2f_n - f_{2n} = f_0$。这就是非线性干涉仪获得 f_0 的原理，在倍频程的光谱基础上，用倍频晶体（PPLN、

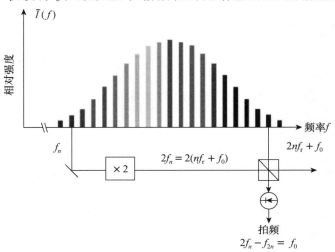

图 E8.2　用非线性干涉仪 f-$2f$ 法获得 f_0

BBO、KTP 等），将长波长的成分倍频到短波长，如图 E8.2 所示的低频红端，再与原来光谱自身含有的短波长成分进行拍频，即可得到初始频率 f_0。这一方法的实现前提是必须保证光谱有足够的宽，以致能够覆盖一个完整的倍频程，例如 1 000～2 000 nm，而通常的激光器直接输出光谱只有大约几十个纳米的宽度，远远不够这一范围。随着非线性光纤技术的发展，光子晶体光纤（Photonic Crystal Fiber，PCF）已经应用在钛宝石锁模激光器中得到了倍频程带宽的光谱，而高非线性光纤在掺铒光纤激光器中也能起到同样的扩谱作用，因此，初始频率 f_0 的产生与探测得到了解决。

由于 f_r 和 f_0 都是微波频率，而 f_n 是光学频率，因此通过光学频率梳，实现了从微波频率到光学频率的连接。如图 E8.3 所示，通过光学频率梳这个齿轮能够把这两个频率波段完全连接起来。

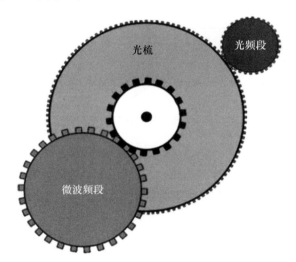

图 E8.3　光学频率与微波频率连接的齿轮-光学频率梳

2. 光纤飞秒光梳系统基本结构

如图 E8.4 所示为掺铒光纤飞秒光梳系统，可以分为三部分：激光泵浦电流源部分，包含光梳放大电流源、耦合输出电流源、谐振腔电流源；锁相环电路部分，主要包括光电探测模块、初始频率锁定模块、重复频率锁定模块、控温模块、显示模块等五部分；光学部分，主要包括激光管-3 路、谐振腔、放大部分 1 和放大部分 2、拍频、外输出等五个部分。

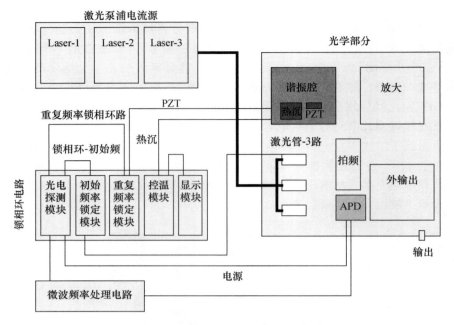

图 E8.4　飞秒光学频率梳系统结构示意图

3. 光纤飞秒光梳光学结构

光纤飞秒光梳光学系统的原理如图 E8.5 所示,系统总共分为三部分:

第一部分光路为光纤激光器部分,用于产生脉冲激光。实验采用 980 nm 半导体激光作为掺铒光纤飞秒激光器的泵浦源,泵浦光经过掺铒光纤后在环型腔内产生 1 550 nm 激光,随着泵浦功率增大,光谱成分会突然增多,调节偏振控制器,使激光锁模,光谱增宽且为光滑连续,耦合输出功率约为 15 mW。将一级光路耦合输出的脉冲激光输入耦合到频谱仪中,可以观测到脉冲激光的重复频率以及高次谐波成分,频率呈梳状分布且等间隔,通过改变光路环形腔的长度可以看到重复频率发生变化。锁模后的光谱分布如图 E8.6 所示。

第二部分光路在实验中叫作放大部分 1,也是光梳制备部分,从一级光路耦合输出的飞秒脉冲光,经过脉冲展宽,功率放大,脉冲压缩,进入到高非线性光纤进行扩谱,得到一个光学倍频程。扩谱后的光经过倍频晶体,获得光梳的初始频率。

重复频率和初始频率,可以锁定在频率输出的 10 MHZ 基准源上,若条件许可,可以锁定到稳定度更高的高稳晶振或原子钟上。通过调节光路及电路的各项参数,优化初始频率的信噪比,使之达到 30 dB 以上,经初始频率锁相环路反馈到泵浦功率,使初始频率锁定。另外通过重复频率锁相环路可将重复频率锁定。

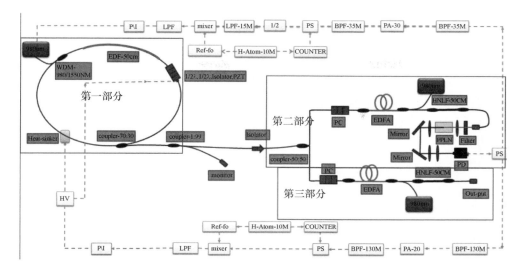

图 E8.5　飞秒光梳系统实验原理图

（980 nm：980 nm 光纤耦合输出激光泵浦源，EDF/EDFA：掺铒光纤，PZT：压电陶瓷，WDM：波分复用器，PC：偏振控制，HNLF：高非线性光纤，PPLN：周期性极化铌酸锂倍频晶体，PS：功率均分器，PA：功率放大器，LPF：低通滤波器，mixer：混频器，P\I：增益积分电路，BPF：带通滤波器，PD：光电探测器，HV：高压电路。）

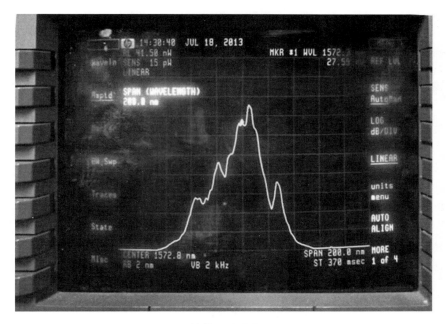

图 E8.6　锁模后脉冲的光谱分布

第三部分光路在实验中叫作放大部分 2,是用来与待测激光进行拍频测量。

4. 光学频率的精密测量

光学频率的精密测量是电磁频率测量中的一种,由于可见光频率指的是从 $470\sim730$ nm 波段的电磁振动频率,它们的范围为 $6\times10^{14}\sim4\times10^{14}$ Hz,这波段的频率是目前用作铯原子钟跃迁频率 9 192 631 770 Hz 的 5 万倍左右,被测频率远远高于一般电子仪器所能测量的频率,因此,光学频率的精密测量一直是困扰人们的难题,直到飞秒光梳的出现才得到完美解决。

如图 E8.7 所示为铷原子稳频激光的频率测量示意图。对于光学频率梳来说,由于其重复频率和初始频率可以使用频率计测量,所以对于第 m 根梳齿,其频率为 $f_n=mf_r+f_0$,而对于一束待测单模稳频激光来说,我们可以通过波长计来测量激光波长,由于波长计的测量精度达到 ±0.2 ppm,所以对于 780 nm 的激光来说其测量的精度为 ±0.00016 nm,即约为 ±75 MHz,所以根据波长计的测量结果我们可以计算出在光梳中与稳频激光频率接近的梳齿的 m 值,然后再使得光梳与稳频激光进行拍频,得到频差 f_b,使用频率计测量 f_b,改变重复频率或初始频率可以观察 f_b 的变化,判断 f_b 前面的正负符号,从而算出待测单模激光的频率 f_x,若该待测激光频率已经稳频到特定跃迁谱线上,就实现了该能级跃迁频率的绝对精密测量。

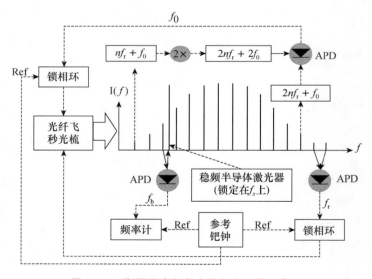

图 E8.7 铷原子稳频激光的频率测量示意图

实际实验过程中,可以通过频谱仪观测重复频率 f_r、初始频率 f_0、拍频频率 f_b,不过实际得到的频率都为绝对值,f_r-f_0 这根频率与 f_0 的行为完全镜像,同理,f_r-f_b 与 f_b 的行为也完全镜像,实验中,我们通过低通滤波器,现在前面那根频率,来代表 f_0 或 f_b,这就意味着待测频率 $f_x=nf_r\pm f_0\pm f_b$,故我们还需要想办法判断 f_0 和 f_b 前面的符号:小幅度增加飞秒光梳的重复频率 f_r(如 20 Hz),观察 f_b 的变动方向;增加飞秒激光的初始频率 f_0,观察 f_b 的变动方向。共有四种情况,如图 E8.8 所示,分别对应 f_x 的四种计算公式。

(1) 如图 E8.8(a)所示,f_r 增加,f_b 增加;f_0 增加,f_b 增加:

$$f_x = nf_r + f_0 - f_b \tag{1}$$

(2) 如图 E8.8(b)所示,f_r 增加,f_b 增加;f_0 增加,f_b 减小:

$$f_x = nf_r - f_0 - f_b \tag{2}$$

(3) 如图 E8.8(c)所示,f_r 增加,f_b 减小;f_{ceo} 增加,f_b 增加:

$$f_x = nf_r - f_0 + f_b \tag{3}$$

(4) 如图 E8.8(d)所示,f_r 增加,f_b 减小;f_{ceo} 增加,f_b 减小:

$$f_x = nf_r + f_0 + f_b \tag{4}$$

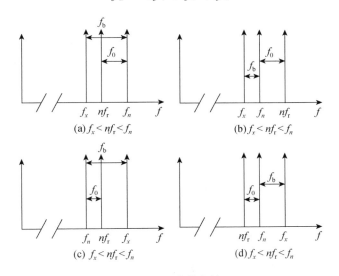

图 E8.8　四种拍频情况

如图 E8.9 所示,本实验中使用中心频率为 1 560 nm 的掺铒光纤飞秒光学频率梳,然后通过硅棱镜对压榨脉冲后使用 PPLN 进行激光倍频得到中心频率为 780 nm 的激光脉冲,然后与铷的稳频激光使用 PBS 耦合在一起,最后通过光栅得到其中一1 级衍射光,使用雪崩二极管探测有铷原子稳频激光的部分,可以得到 2 束激光的拍频频率。

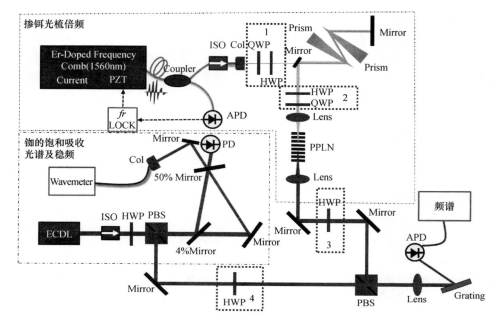

图 E8.9　光纤飞秒光梳测量激光频率实验光路

四、实验内容

（1）打开光学频率梳控温，包括电流源机箱 3 路温度控制和锁相环机箱中谐振腔的温度控制，确认三个激光管的控温正常工作和稳定光学机箱中谐振腔的温度。

（2）打开 3 号激光管电流源，达到 800 mA，然后调节谐振腔中偏振控制器，使得谐振腔锁模。

（3）打开 1 号激光管电流源，达到 1 000 mA。

（4）调节放大部分 1 的偏振控制器并微调谐振腔偏振控制器，使用频谱仪检测 APD 探测到的频率信号，使得探测到的初始频率 f_0 的信噪比在 30 dB 以上。

（5）使用锁相环电路，锁定光学频率梳的重复频率。

（6）打开 2 号激光管电流源，达到 890 mA。

（7）调节放大部分 2 的偏振控制器和放大部分棱镜对前面的波片，使得倍频输出的 780 nm 激光功率最大。

（8）搭建铷的饱和吸收光谱光路，得到铷的饱和吸收光谱，并将半导体激光器锁定在铷的某一饱和吸收峰上。

（9）如图 E8.9 所示，搭建波长计测量波长的光路，测量锁定后的半导体激光器输出激光波长，并记录。

（10）参考光路图搭建光路，使得半导体激光器输出激光与光梳倍频后的激光经过 PBS 后耦合在一起，然后经过透镜聚焦后使用光栅得到激光束的－1 级衍射光。

（11）找出其中－1 级衍射光中 2 束激光重合的部分，使用雪崩二极管探测可以在频谱仪上看到 2 束激光的光频差 f_b，然后调节光栅的角度优化光频差 f_b 的信噪比。

（12）分别调节光栅放大部分 2 的偏振控制器、1 区波片和 4 区波片，使得光频差的信噪比最大。

（13）使用射频放大电路和滤波电路放大光频差 f_b，然后使用频率计记录 f_b 频率变化。

（14）分别改变 f_r 和 f_0 观察 f_b 的变化。

（15）根据公式 $f_x = n f_r \pm f_0 \pm f_b$ 计算铷的饱和吸收光谱稳频激光的频率。

（16）分别将半导体激光器稳频在另外两个饱和吸收峰（自己选定其中的两个饱和吸收峰或者中间峰）上，使用光梳测量激光频率。

（17）实验完成，按步骤关闭各仪器，收拾归整各类工具。

五、思考题

（1）待测频率 f_x 的测量精度，可能由哪些量决定？

（2）实验中观察到的重复频率 f_r 信号，远比初始频率 f_0 信号强，试解释原因。

附录一　AQ6370C 光谱分析仪操作手册

1. 打开电源

AQ6370C 有一个 MAIN POWER 开关调节主电源的开关,还有一个 POWER 开关用来打开或关闭仪器。

把电源线连接到仪器背面的接口上,打开仪器后面板 MAIN POWER 开关。仪器前面板 POWER 开关灯变成橙色,POWER 键按一次则打开仪器,再按一次则关闭仪器。

注意:电源打开时,不要输入强光光源,如果输入强光光源,可能损坏光学部件。

2. 打开显示屏

按仪器前面板 POWER 按钮,开关灯的颜色从橙色变成绿色。操作系统启动,并开始初始化仪器,显示初始化界面,内部初始化程序启动,屏幕右下方显示的"STEP 1/9～STEP 9/9"表示初始化进程。

注意:

(1)初始化过程中请勿按 POWER 或 MAIN POWER 开关,否则会使仪器发生故障。

(2)在初始化进程中如果内存或仪器的其他部件出现异常,则显示"STEP @/9"并且初始化停止(可以是 1～9 之间的数字)。如果遇到此类情况,则需要维修。

(3)仪器没有关闭时的显示信息。

3. 关闭电源

(1)按仪器前面板的 POWER 开关出现一则包含 YES 和 NO 软键的电源关闭确认信息。

(2)按 YES 键,显示信息"AQ6370C 正在关机,请稍候",然后开始关机。如果不想关机,请按 NO 键,屏幕返回初始软键菜单。

160

（3）当 POWER 开关从绿色变成橙色后，关闭仪器后面板的 MAIN POWER 开关。

　　用户也可以使用面板键和软键关闭仪器，① 按 SYSTEM 键；② 重复按 MORE 按键，直到显示 MORE 4/4 菜单；③ 按 SHUT DOWN 软键；④ 按 YES 软键，开始关机；⑤ 当 POWER 开关从绿色变成橙色后，关闭仪器后面板的 MAIN POWER 开关。

　　注意：

　　当程序还在运行时，请勿关闭仪器后面板的 MAIN POWER 开关切断电源。由于操作系统配置文件没有保存，下次开机可能会出现故障。每次关机时请遵守上述关机步骤。

　　如果上一次没有执行关机操作，启动后将显示附图 1 所示信息。此类信息可按任意键消除。（非正常关机可能会导致单色镜损坏。）

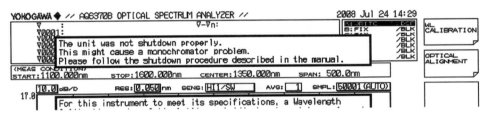

附图 1　非正常关机后出现的启动信息

4. 前面板

如附图 2 所示，光谱仪的前面板。

（1）①为 LCD 显示屏，显示测量波形、测量条件、测量值等。

（2）②为软键部分，用于执行分布在 LCD 显示屏右侧的软键功能。

（3）③为 FUNCTION 面板键区，用于进入测量的设置界面（扫描、测量条件、数据分析和各种功能）。

（4）④为 DATA ENTRY 面板键区，用于输入测量条件参数、输入标签。

（5）⑤为 POWER，用于开关仪器电源。

（6）⑥为 USB 接口，用于连接 USB 存储介质或 USB 鼠标。

（7）⑦为 UNDO/LOCAL，在不同的仪器状态下，所改变的功能不一样。

（8）⑧为 HELP，用于在屏幕上查看软键功能。

（9）⑨为 COPY，通过内置打印机硬拷贝屏幕（选件）。

（10）⑩为 FEED，用于打印机进纸。

（11）⑪为 OPTICAL INPUT，光输入连接器。

（12）⑫为 CALIBRATION OUTPUT，用于调节并校准波长的参考光源输出接口。

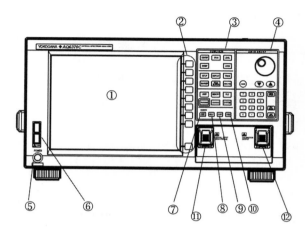

附图 2   光谱仪的前面板

5．后面板

如附图 3 所示，为光谱仪的后面板。

（1）①为 GP-IB1，通过 GP-IB 端口连接的计算机可以控制此仪器。

（2）②为 GP-IB2，通过 GP-IB 端口，仪器可以作为 GP-IB 总线的控制系统，控制外部设备。

（3）③为 SERIAL，RS-232 接口。

（4）④为 TRIGGER IN，可调光源同步测量功能中同步信号的输入接口。

（5）⑤为 TRIGGER OUT，可调光源同步测量功能中同步信号的输出接口。

（6）⑥为 ANALOG OUT，模拟输出。

（7）⑦为 MAIN POWER，用于打开/关闭主电源。

（8）⑧为电源线插头，插入电源线。

（9）⑨为 VIDEO OUT（SVGA），模拟 RGB 视频信号（SVGA-适配器）接口。

（10）⑩为 ETHERNET，以太网接口（10/100BASE-TX）。

（11）⑪为 USB 接口，用于连接 USB 存储介质或 USB 鼠标。

（12）⑫为 KBD，外接键盘接口（PS/2）。

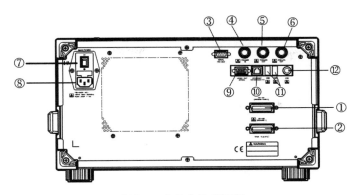

附图3　光谱仪的后面板

6. 面板键和旋钮

　　FUNCTION 面板键区有 17 个功能键和 4 个辅助键。按其中一个功能键后，该功能键信息将会在 LCD 屏右侧的软键菜单中显示,如附图4所示。

　　(1) SWEEP 键包括扫描的相关功能。按 SWEEP 键后,显示扫描用的软键菜单。

　　(2) CENTER 键包括设置测量中心波长和中心频率的相关功能。软键功能根据波长显示模式或频率显示模式而不同。

　　(3) SPAN 键包括设置测量波长跨度和频率跨度的功能。软键功能根据波长显示模式或频率显示模式而不同。

　　(4) LEVEL 键包括水平轴设置的相关功能。按 LEVEL 键后,显示参考功率设置用的软键菜单。

　　(5) SETUP 键包括测量条件设置的相关功能。

　　(6) ZOOM 键包括缩放功能。为检查某区域或全部的测量波形,可任意放大或缩小测量波形,此键用于设置波形放大/缩小显示条件。

　　(7) DISPLAY 键包括显示的相关功能。此键用于设置上/下两个分屏的显示模式(分屏模式)。

　　(8) TRACE 键包括曲线模式设置的相关功能。

　　(9) MARKER 键包括标记的相关功能。

　　(10) PEAK SEARCH 键包括查找测量波形的波峰和波谷的相关功能。

　　(11) ANALYSIS 键包括测量波形分析的相关功能。

（12）MEMORY 键包括把活动曲线写入仪器内存的功能。按 MEMORY 键后，显示曲线和存储器列表（软键菜单）。可以在 DATA ENTRY 区域输入存储器编号，或者使用旋钮或箭头键进行选择。

（13）FILE 键包括保存或加载波形数据、程序数据并从 USB 存储介质（USB 内存/HDD）保存或加载数据等功能。

（14）PROGRAM 键包括与测量控制编程功能相关的软键。

（15）SYSTEM 键包括各种系统相关程序，如单色镜光路对准、波长校准、硬件设置和初始化设置等。

（16）ADVANCE 键包括模板功能的设置。

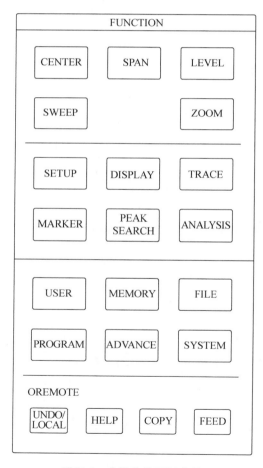

附图 4　光谱仪的面板菜单

（17）可以在 USER 键的软键菜单中注册频繁使用的软键。将频繁使用的软键注册到 USER 键后，只要简单几步就可以执行频繁使用的功能，简化步骤。

（18）COPY 键用于以文件形式输出测量结果或使用网络打印机打印测量结果。按 COPY 键后，可以使网络打印机打印屏幕显示的测量波形和列表，或者以文件形式输出这些信息。

FEED 键用于打印纸进纸。按住 FEED 键不放，则保持打印进纸状态。

（19）按 UNDO/LOCAL 键后，功能根据仪器状态而变。

① UNDO 允许状态下，在执行参数设置修改、数据修改或删除等操作后如果按 UNDO 键，将取消当前操作的结果，返回执行前的状态。

② USER 键注册期间，在 USER 键注册过程中如果按 UNDO 键，将结束注册模式，返回按 SYSTEM 键后出现的软键菜单。

③ 由计算机远程控制期间（远程指示灯亮灯），把状态从远程控制调整到本地控制，远程指示灯灭。

（20）按 HELP 键后，显示当前屏幕中软键菜单的说明。通过 HELP 画面里的软键，可以选择显示此软键的更多信息。

7．DATA ENTRY 面板键区

通过 DATA ENTRY 面板键区，可以设置测量条件等各种参数。可以使用三种输入方式：旋钮、箭头键和数字键盘，如附图 5 所示。

（1）旋钮，按下一个带参数的软键，参数输入窗口显示当前设置值。调节旋钮增加或减小（顺时针增加，逆时针减小）参数输入窗口的数值，同时内部设置也跟着改变。

COARSE 键 ON（指示灯亮灯）时，数值的增减步幅加大。

（2）箭头键（▲，▼），按▲键相当于顺时针转动旋钮；同样，按▼键相当于逆时针转动旋钮，持续按住其中一个箭头键 0.5 秒或以上将激活自动重复功能。

如果选择了多标记功能，上下箭头键还可用于滚动显示数字区的标记值。

（3）COARSE 键，可以增加当前正在输入的设置数值的小数位数，或加大设置数值的增减步幅。

每按一次 COARSE 键，ON/OFF 设置便切换一次。ON 时，指示灯亮灯。

（4）数字键盘上的键可以在参数输入窗口直接输入数值。

按参数软键后，参数显示区显示当前设置值。可以按数字键盘键显示数字键盘输入区，然后输入数值。如果数字键盘输入的数值超过了允许的数值范围，则设置为最接近允许范围的值。

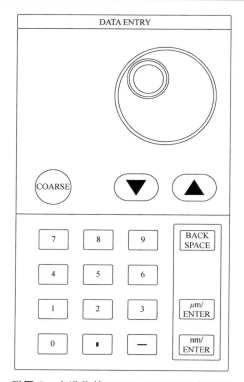

附图 5　光谱仪的 DATA ENTRY 面板键区

（5）μm/ENTER 键和 nm/ENTER 键,确定用数字键盘或参数输入窗口输入的数值。如果输入的参数值带单位,此二键则分开使用;如果输入的参数值不带单位,则可以选择其中的任意一个。

（6）在使用数字键盘中输错数值时,可用 BACK SPACE 键进行删除。在删除了最后(靠右)输入的字符后,可以重新输入正确的字符。

长按 BACK SPACE 键不放,可以删除整个数字键盘输入区的全部数值,并使数字键盘输入区消失,回到数值输入之前的状态。

8．液晶屏

光谱仪的屏幕显示如附图 6 所示。

（1）①为数据区。

（2）②为测量条件区。

（3）③为 NEW(任何测量条件改变时显示)。

（4）④为显示功率轴刻度(每 DIV)。

（5）⑤为 UNCAL（测量没有正确执行时显示）。

（6）⑥为显示参考功率。

（7）⑦为标签区（最多 56 个字符）。

（8）⑧为显示波长分辨率。

（9）⑨为显示测量灵敏度。

（10）⑩为显示平均次数。

（11）⑪为显示采样数量。

（12）⑫为显示日期和时间。

（13）⑬为显示每条曲线的状态。

（14）⑭为 ZOOMING（仅限 ZOOM 功能使用时显示）。

（15）⑮为显示主要设置的状态（当某一设置处于 ON 状态时，呈选中状态。屏幕若是黑白显示屏，则呈现黑底白字显示）。

（16）⑯为显示波长轴的刻度（每 DIV）。

（17）⑰为显示扫描状态（RPT＝重复，SGL＝单次，STP＝停止）。

（18）⑱为显示软键菜单（显示标记和数据分析结果）。

（19）⑲为参数显示区。

（20）⑳为参数输入区。

（21）㉑为 OVERVIEW 显示屏（仅限 ZOOM 功能使用时显示）。

（22）㉒为显示子刻度。

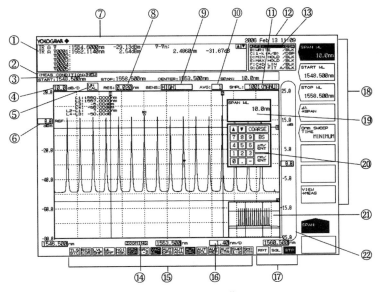

附图 6　光谱仪的屏幕显示

9. 自动测量

按 SWEEP 键,显示扫描的软键菜单,按 AUTO 键,软键呈反显状态,执行自动测量。

测量开始后,自动设置中心波长(CENTER);扫描范围(SPAN);参考功率(REF LEVEL);分辨率(RESOLUTION)。

可自动测量的输入光波长范围是 1 200~1 670 nm,在执行一次自动扫描并且设好最佳测量条件后,开始重复扫描测量。自动设置期间,只有 REPEAT、SINGLE、STOP 和 UNDO/LOCAL(远程控制模式时)可用。

(1) 设置水平轴,水平轴单位设为波长或频率。

① 按 SETUP 键,显示与测量条件设置相关的软键菜单。

② 按 MORE 1/2 键。

③ 按 HORIZON SCALE nm/THz 键,水平轴的单位在 THz 与 nm 之间切换。

提示:每按一次 HORIZON SCALE nm/THz 软键,水平轴的单位便在 THz 与 nm 之间切换一次。

(2) 设置垂直轴,设为对数刻度显示。

① 按 LEVEL 键,显示与垂直轴设置相关的软键菜单,同时显示参考功率的设置画面。

② 按 LOG SCALE 键,垂直轴显示当前的对数刻度值,同时显示对数刻度值的设置画面。

③ 使用旋钮、箭头键或数字键输入对数刻度值。

④ 按 ENTER 键。

(3) 设置线性刻度显示。

① 按 LEVEL 键,显示与垂直轴设置相关的软键菜单,同时显示参考功率的设置画面。

② 按 LIN SCALE 键,垂直轴显示当前的线性刻度值。

③ 按 LIN BASE LEVEL 键,显示功率刻度下限值的设置画面。

④ 使用旋钮、箭头键或数字键输入数值。

⑤ 按 ENTER 键。

(4) 设置垂直轴的单位。

① 按 LEVEL 键。

② 按 LEVEL UNIT 键。垂直轴是对数刻度时,每按一次此键,单位便在 dBm 与 dBm/nm 之间切换一次。垂直轴是线性刻度时,则在 nW、μW、mW、pW 与 nW/nm、μW/nm、mW/nm、pW/nm 内切换。

（5）设置垂直轴的分割数（LOG SCALE 时）。

① 按 LEVEL。

② 按 LOG SCALE 键。

③ 按 Y SCALE SETTING 键，显示功率刻度的设置菜单。

④ 按 Y SCALE DIVISION 键，显示选择分割数的软键菜单。

⑤ 按 8,10,12 中的任意一个键，显示被选数量的功率轴分割。

扫描范围共有以下三种设置方法：

（1）通过 SPAN WL 或 SPAN FREQ 键设置。

① 按 SPAN 键，显示与扫描范围设置相关的软键菜单，同时显示扫描范围的设置画面。

② 波长测量时请按 SPAN WL 键，频率测量时请按 SPAN FREQ 键。使用旋钮键、箭头键或数字键输入扫描范围。

③ 按 nm/ENTER 键。

（2）通过 START WL/STOP WL 或 START FREQ/STOP FREQ 键设置。

① 按 SPAN 键，显示与扫描范围设置相关的软键菜单。

② 按 nm/ENTER 键。

（3）设置开始波长或开始频率。

① 波长测量时请按 START WL 键，开始频率时请按 START FREQ 键。显示开始波长或开始频率的设置画面。

② 使用旋钮键、箭头键或数字键输入开始波长或开始频率。

③ 按 nm/ENTER 键。

（4）设置结束波长或结束频率。

① 波长测量时请按 STOP WL 键，频率测量时请按 STOP FREQ 键。显示结束波长或结束频率的设置画面。

② 使用旋钮、箭头键或数字键输入结束波长或结束频率。

③ 按 nm/ENTER 键。

10. 开始测量（扫描）

（1）步骤。

① 按 SWEEP 键，显示与扫描相关的软键菜单。

② 按 SINGLE 或 REPEAT 键，扫描开始。

③ 设置扫描间隔时间，请按 SWEEP INTERVAL 键。显示扫描间隔的设置画面。

④ 使用旋钮键、箭头键或数字键输入数值，然后按 ENTER 键。

⑤ 停止扫描请按 STOP 键。

（2）设置波长分段单位。

① 按 SWEEP 键，显示与扫描相关的软键菜单，按 SEGMENT POINT 键，显示分段单位的设置画面。

② 使用旋钮、箭头键或数字键输入数值，然后按 ENTER 键。

③ 按 SEGMEAT MEASURE 键，只测量指定的分段单位，扫描停止。只有第一次是从开始波长开始扫描的。

④ 如果再次按 SEGMENT MEASURE 键，从停止位置开始扫描分段单位。

⑤ 重复步骤⑤，当测量的采样点数达到设置的采样点数时，分段测量完成。

⑥ 测量进行中可按 STOP 软键停止扫描。

11. 指定扫描范围

在线标记间扫描可以在波长线性标记 1 和波长线性标记 2 之间扫描。

（1）在希望扫描范围的两端设置波长线性标记 1 和波长线性标记 2。

（2）按 SWEEP，显示与扫描相关的软键菜单。

（3）按 SWEEP MKR L1-L2 OFF/ON 键，选择 ON 键，屏幕最底部呈反显色。

（4）按 REPEAT 或 SINGLE 键，开始在线性标记之间扫描。

（5）取消请按 SWEEP MKR L1-L2 OFF/ON 键，选择 OFF 键，进行全屏扫描。

附录二 波长计使用说明

1. 激光波长计特点

激光波长计实物图,如附图 2.1 所示。

附图 2.1 激光波长计实物图

激光波长计的特点为:

(1) 用于测量连续激光,绝对准确度高达$+/-0.0002$ nm。

(2) 内置稳频 He-Ne 激光器实时校准,完全无须人工干预。

(3) 工作范围 350 nm~5 μm。

(4) 具有检测输入激光功率的功能,分辨率 2%,校准精度$+/-15\%$。

(5) 便捷的预准直光纤输入口。

(6) USB 接口电脑通信,且提供指令包用于客户二次开发。

2. 测量参数

波长计的性能参数如附表 2.1 所示。

附表 2.1 激光波长计的性能参数

产品型号	621A	621B
被测激光类型	连续激光或>10MHz准连续	
波长范围	VIS：350-1100nm NIR：500-1700nm IR：1.5-5um 注：另有621B-MIR:4-11um;621B-XIR: 2-12um	
绝对精度	±0.2ppm	±0.75ppm
	±0.0002nm@1000nm	±0.00075nm@1000nm
	±0.002cm^{-1}@10,000cm^{-1}	±0.0075cm^{-1}@10,000cm^{-1}
	±0.06GHz@300,000GHz	±0.225GHz@300,000GHz
重复性	VIS/NIR：±0.03ppm IR：±0.06ppm	±0.1ppm
内置校准源	稳频HeNe激光器	HeNe激光器
显示位数	9 位	8 位
显示单位	nm，cm^{-1}(真空 或 大气)，GHz	
最小输入功率	10uW@400nm	65uW@500nm
	5uW@650nm	5uW@1100nm
	30uW@1100nm	15uW@1700nm
输入方式	VIS/NIR：预准直FC/PC光纤接口，可选配自由光耦合器； IR：2mm孔径准直光束(附带红光引导)	
体积(H×W×L)	VIS/NIR：127mm×165mm×381mm IR：190mm×165mm×381mm	

3. 操作步骤

波长计的面板显示,如附图 2.2 所示。

（1）连接电源线。

（2）将 USB 线连接到电脑与波长计 USB 接口。

（3）在前面板连接光纤输入信号。

（4）打开电脑 Bristol 应用软件进行测量。

附图 2.2 波长计的面板显示

附录三 铷原子参数

铷原子结构的参数

铷原子两种同位素(^{85}Rb 和 ^{87}Rb)的超精细能级结构,如附图 3.1～3.3 所示。

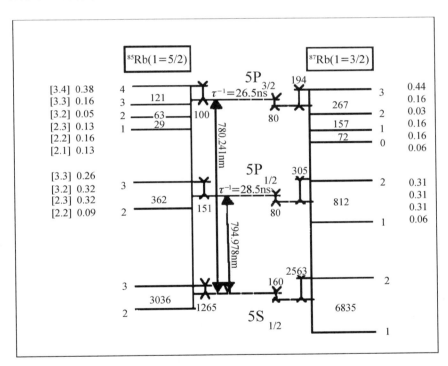

附图 3.1 铷原子的基态与激发态的超精细结构和跃迁

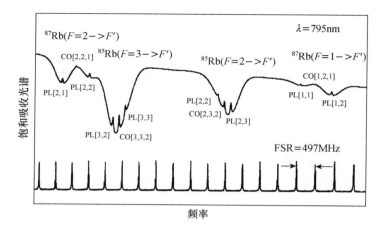

附图 3.2　铷原子 D1 线超精细能级的饱和吸收光谱

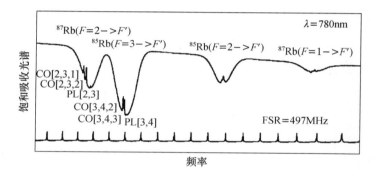

附图 3.3　铷原子 D2 线超精细能级的饱和吸收光谱

由美国国家标准学会（American National Standards Institute，ANSI）等单位编制的铷原子部分参数，如附表 3.1 和 3.2 所示。

附表 3.1　铷原子[87]Rb D2 线光学跃迁的部分参数

频率	ω_0	$2\pi \cdot 384.230\ 484\ 468\ 5(62)$ THz
跃迁能量	$\hbar\omega_0$	1.589 049 462(38) eV
波长（真空）	λ	780.241 209 686(13) nm
波长（空气）	λ_{air}	780.033 330(23) nm
波数（真空）	$k_L/2\pi$	12 816.549 389 93(21) cm^{-1}
同位素移动	$\omega_0(^{87}\mathrm{Rb}) - \omega_0(^{85}\mathrm{Rb})$	$2\pi \cdot 78.095(12)$ MHz
寿命	τ	26.2348(77) ns

续表

自发辐射速率 自然线宽	Γ	$38.117(11) \times 10^6 \ s^{-1}$ $2\pi \cdot 6.0666(18) \ MHz$
吸收振子强度	f	$0.695\,77(29)$
反冲速度	v_r	$5.8845 \ mm/s$
反冲频移	ω_r	$2\pi \cdot 3.7710 \ kHz$
反冲温度极限	T_r	$361.96 \ nK$

附表 3.2　铷原子 ^{87}Rb D2 线跃迁矩阵元、饱和光强的参数

跃迁偶极矩阵元 $D2(5^2 S_{1/2} \to 5^2 P_{3/2})$	$\langle J=1/2 \parallel er \parallel J'=3/2 \rangle$	$4.227\,52(87)ea_0$ $3.584\,24(74) \times 10^{-29} \ C \cdot m$
有效偶极矩 饱和光强 共振截面 $(F=2 \to F'=3)$ （无偏振光）	$d_{iso,eff}(F=2 \to F'=3)$	$2.042\,09(42)ea_0$ $1.731\,35(36) \times 10^{-29} \ C \cdot m$
	$I_{sat(iso,eff)}(F=2 \to F'=3)$	$3.577\,13(74) \ mW/cm^2$
	$\sigma_{0(iso,eff)}(F=2 \to F'=3)$	$1.356\,456\,704\,270(31) \times 10^{-9} \ cm^2$
有效远失谐偶极矩 饱和光强 共振截面 （D2 线,偏振光）	$d_{det,eff,D2}$	$2.440\,76(50)ea_0$ $2.069\,36(43) \times 10^{-29} \ C \cdot m$
	$I_{sat(det,eff,D2)}$	$2.503\,99(52) \ mW/cm^2$
	$\sigma_{0(det,eff,D2)}$	$1.937\,795\,291\,814(44) \times 10^{-9} \ cm^2$
有效偶极矩 饱和光强 $\|F=2,m_F=\pm 2\rangle \to$ 共振截面 $\|F'=3,m'_F=\pm 3\rangle$ （圆偏振光）	$d_{(m_F=\pm 2 \to m'_F=\pm 3)}$	$2.989\,31(62)ea_0$ $2.534\,44(52) \times 10^{-29} \ C \cdot m$
	$I_{sat(m_F=\pm 2 \to m'_F=\pm 3)}$	$1.669\,33(35) \ mW/cm^2$
	$\sigma_{0(m_F=\pm 2 \to m'_F=\pm 3)}$	$2.906\,692\,937\,721(66) \times 10^{-9} \ cm^2$

附录四　光电探测器

　　光电探测器是光电子实验的基本测量器件,光电探测器一般由光电管、放大电路、光电探测器外壳、波段开关和报警光电管组成,其中光电管是光电探测器的核心。一般实验中所用光电管为硅光电管,它是一种量子探测器,其基本原理是吸收光子并在外电路中产生相应的电流。光电管能够用来测量微弱的光,通过标定,可以极其准确地测出光的强度,从 $1\,\mathrm{pW/cm^2}$ 到 $10\,\mathrm{mW/cm^2}$。它们已被广泛用于各类精密测量,例如光学位置、角度、表面均匀度、距离等等,同时,在光学摄影、分析仪器、光纤通信、医学成像等也有重要应用。

　　光电探测器的电路原理图和实物图,分别如附图 4.1 和附图 4.2 所示,附图 4.1中,前级为高精密运放,后级为直流偏置调节。

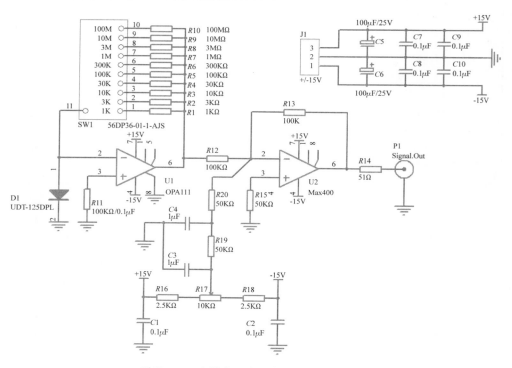

附图 **4.1**　高精密弱光光电探测器的电路图

附图 4.2　高精密弱光光电探测器的实物图

附录五　诺贝尔物理学奖获奖人物简介

Arthur Leonard Schawlow(1921.5.5—1999.4.28,美国斯坦福大学教授),如附图 5.1 所示,因在激光光谱方面的贡献于 1981 年获得诺贝尔物理学奖。他和他的同事 Theodor W. Hänsch 及博士生 Carl Weiman 在 20 世纪 70 年代发明了饱和吸收光谱的方法,并与 Theodor W. Hänsch 一起提出了激光冷却的概念。

关键词:饱和吸收光谱、激光冷却

附图 5.1　Arthur Leonard Schawlow　　　　附图 5.2　Alfred Kastler

Alfred Kastler(1902.5.3—1984.1.7,法国巴黎高师教授),如附图 5.2 所示,因发明光抽运方法而获得 1966 年诺贝尔物理学奖。

关键词:光抽运、激光光谱

如附图 5.3(a)、(b)和(c)所示,Steven Chu(1948.2.28—至今,美国斯坦福大学教授)、Claude Cohen-Tannoudji(1933.4.1—至今,法国巴黎高师教授)、William Daniel Phillips(1948.11.5—至今,美国国家标准局研究员),他们因找到激光冷却与囚禁原子的方法,而共同分享 1997 年诺贝尔物理学奖。

关键词:激光冷却与囚禁

(a) Steven Chu　　　　(b) Claude Cohen-Tannoudji　　(c) William D. Phillips

附图 5.3　1997 年诺贝尔物理学奖获得者

如附图 5.4(a)、(b)和(c)所示,Eric Allin Cornell(1961.12.19—至今,美国 JILA 国家实验室的教授)、Wolfgang Ketterle(1957.10.21—至今,美国麻省理工学院教授)、Carl Edwin Wieman(1951.3.26—至今,美国 JILA 国家实验室的教授),他们因于 1995 年在稀薄气体中获得玻色-爱因斯坦凝聚,而共同分享 2001 年诺贝尔物理学奖。其中 Carl Edwin Wieman 在 20 世纪 70 年代曾与 Theodor Wolfgang Hänsch 合作实现第一个饱和吸收光谱实验。Wolfgang Ketterle 是当今量子模拟研究的领军人物。

关键词:冷原子、玻色-爱因斯坦凝聚

(a) Eric A. Cornell　　　(b) Wolfgang Ketterle　　　(c) Carl E. Wieman

附图 5.4　2001 年诺贝尔物理学奖获得者

如附图 5.5(a)和(b)所示,John Lewis Hall(1934.8.21—至今,美国 JILA 国家实验室研究员)、Theodor Wolfgang Hänsch(1941.10.30—至今,德国马克斯·普朗克量子光学研究所教授),他们因在激光精密光谱与光梳方面的贡献,而共同分享 2005 年诺贝尔物理学奖。其中,John Lewis Hall 在 20 世纪 70 年代精确测量了光速,并以他的研究组的测量值为定义值，Theodor Wolfgang Hänsch 精密测量了氢原子的跃迁与里德堡常数。

关键词：飞秒光梳、精密测量

（a）John Lewis Hall　（b）Theodor Wolfgang Hänsch

附图 5.5　2005 年诺贝尔物理学奖获得者

如附图 5.6 所示，David Jeffrey Wineland（1944.2.24—至今，美国国家标准局研究员），因在单量子系统的测量与操控方法上的卓越贡献，而获得 2012 年诺贝尔物理学奖。他研制的铝离子光钟精度达到 10^{-17}。

关键词：量子操控、量子频标

附图 5.6　David Jeffrey Wineland